JN440953

# 우주 농업

수직 농장부터 인공 생태계, 테라포밍까지,
우주 개발 시대를 여는 제2차 농업혁명

# 농업

정대호 · 손정익 지음

동아시아

## 추천의 글

이 책의 첫인상은 '기발하다'일 것이다. 우주 농업이라니, 화성에 감자를 심는 SF 이야기인가 싶을지도 모른다. 하지만 몇 장을 넘기다 보면 생각이 달라진다. 우주 농업은 기발한 상상이 아니라, 인류가 우주로 나아가기로 마음먹은 이상 피할 수 없는 과제라는 사실을 말이다.

지구 농업의 역사에서 출발해 온실, 수경 재배, 수직 농장으로 이어지는 책의 초반 흐름은 우리에게 그리 낯설지 않다. 흥미로운 지점은, 그런 익숙한 기술들이 우주라는 극한 환경에서 다시 불려 나오는 방식이다. 밀폐 생태계 실험과 테라포밍으로 이어지는 설명을 따라가다 보면, 우주 농업은 새로운 발상이라기보다 이미 지구에서 시작된 연구의 연장선이라는 점이 분명해진다.

우주를 향한 인류의 다음 단계를 궁금해하는 독자에게는 미래를 가늠해 볼 수 있는 지도를, 지구의 농업과 생태를 고민하는 독자에게는 생각의 범위를 넓혀주는 책이다. 무엇보다 과학이 어디까지 갈 수 있는지를 끝까지 묻는 과학 '덕후' 독자라면, 이 책을 읽는 과정 자체가 큰 즐거움일 것이다.

**—이영혜, 《과학동아》 편집장**

우리는 지금 급변하는 시대에 살고 있다. 농생명과학은 단순히 식량을 생산하는 학문을 넘어 인류의 지속 가능성을 책임지는 중요한 분야다. 이런 시대를 살아가는 사람들에게 인류가 곧 우주로 나아갈 것이라 언급하는 정대호, 손정익 교수의 저서는 중요한 의미를 갖는다.

농업 분야는 우리나라 역사를 거치며 식량난 극복이라는 시대적 소명에서부터 지속 가능한 농산물 생산과 국민 삶의 질 향상에 이르기까지, 국가의 핵심 동력을 창출해 왔다. 하지만 오늘날 우리는 기후변화와 식량안보, 생물다양성 보존, 지속 가능한 농업 시스템과 같은 난제에 직면해 있다. 이에 맞서 농업의 여러 하위 분야는 발전을 거듭해 어려운 상황을 타개할

해답을 제시한다.

탄소 중립 농축 산업 기술은 산림 분야에서 적극적으로 연구되고 있으며, 작물 보호와 신작물 도입 기술은 기후변화 시대 이후에도 지속 가능한 농업을 가능하게 한다. 농업 바깥에서 도입된 공학 분야의 신기술들은 빅데이터를 기반으로 한 디지털 트랜스포메이션과 그 이상의 세계로 도약하려는 AI 트랜스포메이션을 이끌고 있다. 또한 유전자 교정을 포함한 첨단 생명공학 기술과 친환경 바이오 소재 기술은 농업 생산성을 극대화하고 새로운 부가가치를 창출할 것이다.

미래에 우주로 나아갈 인류는 여러 분야의 농업 신기술을 든든하게 장착한 상태일 것이다. 우주 개척을 비롯해 급변하는 시대적 흐름에 발맞추어 우주 농업 기술이 논의되기에 적절한 순간이라는 생각이 든다. 다시 한번 새로운 농업 분야의 신기술을 소개하는 저서『우주 농업』의 출간을 반긴다.

—**강병철, 서울대학교 농업생명과학대학 교수**

우리나라는 좁은 국토 면적을 가지고 있어 농업 강대국으로 발전하기 어려운 환경에 놓여 있다. 그러나 이러한 한계를 극복하기 위한 방법으로 스마트팜 분야의 여러 기술을 발전시켜 눈부신 성장을 이루어 냈다. 스마트팜 분야의 기술은 미래의 여러 산업 분야에 영향을 끼치며, 우리나라의 농산업 발전에 기여할 것이다.

최근 기후변화로 인해 일상생활은 물론 전 세계 산업 전반에 막대한 부담이 가중되고 있다. 특히 농업 분야에서는 환경의 변화로 인해 안정적인 농작물 생산에 위협이 일어나고 있다. 앞으로도 지구 여러 지역의 환경은 상황이 더욱 나빠질 것으로 예측된다. 그러나 우리는 농업 분야의 기술을 발전시켜 부적절한 환경에서도 충분한 식량을 생산할 수 있는 기술을 확보하기 시작했다. 사막과 극지방 등 여러 극한의 환경에서도 농작물이 자라고 있다. 앞으로는 이러한 기술이 쌓여 지구와는 완전히 다른 환경 조건인 우주 공간에서도 농사를 지을 수 있게 될 것이다. 우리는 우주 시대를 앞두고 우주 농업에 관한 기술을 선제적으로 확보해야 한다.

국립경상대학교는 사천 지역에 신설된 우주항공청과의 긴밀한 협조를 바탕으로 미래의 우주 산업을 선도할 청사진을 그리고 있다. 학내에는 스마트팜·우주농업연구소를 설치해 미래를 준비하기 시작했다. 이런 배경에서 연구소는 우주 농업 분야의 전문가를 양성하려는 목표를 가지고 인력 양성과 연구를 통한 기술 확보에 주력하고 있다. 그러나 우주 기술의 연구개발에 관해 활발한 논의를 주도하고자 산업계와 학계 등의 교류를 추진하는 과정에서, 우주 농업에 관한 소개가 부족하다는 점을 느꼈다. 이러한 시점에 정대호, 손정익 교수님이 집필한 『우주 농업』은 가뭄에 단비 같은 느낌을 준다. 앞으로 농산업계와 과학기술을 이용해 미래를 개척하려는 여러 신진 연구자에게 이 책이 귀감이 될 것이라 생각한다.

—**김현태, 경상국립대학교 스마트팜·우주농업연구소장**

# 머리말

2012년 이 책의 저자 중 한 명은 미국 플로리다 소재의 케네디 우주센터Kennedy Space Center에 방문 연구원으로 체류했다. 완공된 지 얼마 지나지 않은 우주생명과학연구소Space Life Science Lab 건물에서는 다양한 주제의 세미나가 열렸다. 미국에서는 이미 발사체와 착륙선 기술 외에도 우주에서 인간이 체류하는 데 필요한 여러 기술과 우주의 환경 조건을 이용한 생물 연구가 진행되고 있었다. 당시 우리나라는 자력으로 우주로 나갈 수 있는 발사체를 가지고 있지 않았다. 반면, 미국에는 향후 10년 동안 진행할 우주 기술 개발에 관한 로드맵이 완성되어 있었고, 이미 우주로 직접 나가 많은 연구를 진행하고 있었다.

10여 년이 지나 2022년이 되자 우리나라도 우주로 나갈 수 있는 발사체 기술을 갖게 되었다. 과학기술정보통신부는 한 걸음 더 나아가 2030년대 발사를 목표로 달 착륙선을 개발하고 있다. 달 착륙선은 달 궤도선의 후속 사업으로 달 표면에 착륙해 다양한 과학 임무를 수행하기로 계획되어 있다. 과학기술정보통신부는 달 착륙선이 수행해야 할 임무를 공모하는 워크숍을 진행했다. 당시 저자 중 한 명은 달 표면에서 수행할 임무 중 달의 토양이 작물 재배에 적합한지 확인할 필요가 있다는 내용의 임무 제안서를 제출했다. 달 토양을 작물 재배에 활용하기 위해 달 토양의 모사체를 만들어 재배 실험을 해야 한다는 내용도 덧붙였다. 달에는 언젠가 사람이 가게 될 것이고, 그 사람이 달에서 생존하려면 분명히 먹을 것이 필요하리라 생각했기 때문이다. 그러나 촉박한 일정 속에 준비한 미완성 제안서에 대해 한 위원님의 총평은 '우주 농업'이라는 임무를 다시금 생각하게 만들었다.

> 미래에 우리나라에 꼭 필요한 기술에 관해 발표해 주셨습니다. 하지만 너무 일찍 오셨습니다. 유인 우주 계획이 수립되고 나면 내용을 가다듬어 다시 제안해 주시면 좋겠습니다.

당시 우리는 우주에서 농업 활동을 수행하기 위해 어떤 기술이 필요한지, 앞서가는 나라와 협력하기 위해서는 무엇을 알아야 하는지 알지 못했다. 이러한 내용은 이 책을 집필하는 동기로 작용했다. 우리는 왜 우주로 가야 하는가? 우주에 가려면 어떤 기술이 뒷받침되어야 하는가? 우주에서 식량을 생산하려면 어떤 농업 기술을 응용할 수 있는가? 다양한 질문을 스스로에게 던져보았다.

이 책은 저자가 던진 질문에 대한 답을 찾아가는 과정을 담고 있다. 시간이 흘러 2024년이 되자 우리나라에는 우주항공청이 출범했고, 우주항공 분야에 관한 연구 개발과 핵심 기술의 확보를 목표로 많은 활동이 시작되었다. 농업 분야에서는 우주항공청, 농촌진흥청, 산림청 이 세 부처가 공동으로 농림위성 발사 등의 협업을 시작했다. 아직 지구 궤도에서 지구를 내려다보는 수준이지만, 우리나라가 우주로 나아갈 첫발을 내딛는 순간이라 할 수 있다.

인류는 다양한 과학과 기술을 발전시켜 왔다. 그중 요즘 각광받고 있는 3D 프린터를 비롯한 여러 기술이 우주에서 농업을 가능하게 만들 것이다. 우주 농업은 이제 막 첫걸음을 내딛으려는 분야다. 앞으로 많은 분야의 연구자들과 농산업계 종사자들이 협업을 이루어야 그 첫발자국을 찍을 수 있다. 이 책이 그 과정에서 조금이나마 기여하기를 바란다.

책을 집필하는 과정에서 시설 원예와 수직 농장 분야의 많은 교수님과 산업계 종사자분의 도움을 받았다. 이 자리를 빌려 감사의 인사를 드린다.

2026년 1월

저자 일동

## 프롤로그: 우리는 어디로 가는가

"우리는 어디에서 왔고
우리는 무엇이며
우리는 어디로 가는가"

1897년 4월 코펜하겐에서 한 프랑스인 여성이 폐렴에 걸려 세상을 떠났다. 그녀의 이름은 알린 고갱Aline Gauguin이었다.

폴 고갱Paul Gauguin, 1848~1903은 파리의 중산층 가정에서 태어났다. 그는 가족들과 함께 페루에서 4년간 어린 시절을 보낸 뒤, 성공적으로 주식 중개인이 되어 안락한 삶을 살았다. 여유가 넘치던 그는 여가 시간에 그림을 그리기 시작했다. 늦은 나이에 그림을 시작했지만 전시회에 입선도 간간히 하는 실력을 쌓았다. 그러나 그의 행복한 생활은 오래가지 않았다. 1882년 프랑스의 급격한 경기 침체로 주식시장이 붕괴하는 바람에 궁핍한 삶을 살게 되었다. 35세가 되던 해, 용기를 내어 회사를 그

폴 고갱의 〈우리는 어디에서 왔고, 우리는 무엇이며, 우리는 어디로 가는가〉

만두고 전업 화가의 길로 들어서지만 역시 계속된 생활고에 시달렸다. 그의 가족들은 생계 유지를 위해 타국에서 따로 살게 되었다. 그는 산업화된 프랑스의 생활에 염증을 느끼기 시작했고, 인공적이고 관습적인 모든 것에서 벗어나고자 프랑스령 식민지 타히티로 떠났다.

고갱은 미술사에서 '원시주의'로 분류되는 여러 점의 그림을 남겼다. 원시주의 작품은 현대인이 도시 생활보다 전원생활이 낫다고 느끼는 것과 비슷한 주제들을 다룬다. 그는 자신의 그림이 프랑스 식민주의에 맞서는 타히티 사회를 방어하고 있다고 믿었다. 그러나 타히티에서 문란한 생활을 했다는 이유로 이런 주장은 설득력을 잃었다는 후대의 평이 이어지고 있다. 논란의 인물 고갱은 어느 날 지구 반대편에서 가장 아끼던 둘째 딸 알린이 세상을 떠났다는 소식을 듣는다. 설상가상으로 사치를 부리려고 목조 주택을 짓는 데 썼던 은행 대출금의 독촉까지 그를 괴롭혔다. 극심한 스트레스에 시달리던 그는 그림 하나를 완성하고 그림의 귀퉁이에 세상을 향해 던지는 몇 가지 질문을 남긴다.

우리는 어디에서 왔고
우리는 무엇이며
우리는 어디로 가는가

우주의 기원을 밝히고자 블랙홀을 연구하고, 대중에게 물리학을 알리기 위해 힘쓴 스티븐 호킹Stephen Hawking, 1942~2018 교수도 고갱과 비슷한 질문을 던진다. 우리는 왜 여기에 있고, 어디에서 왔을까? 그는 우주론을 연구하며 우주의 기원, 진화, 구조 등을 밝히고자 힘썼다. 인류가 스스로에게 끊임없이 던지고 있는 질문은 인류의 기원에 관한 것이다. 2006년 그는 BBC와의 인터뷰에서 이루지 못한 소원에 관해 이야기했다. 그 소원은 우주여행에 대한 대중들의 관심을 높이고 장애인의 잠재력을 보여주고 싶다는 것이었다. 이듬해 그는 무중력을 경험하기 위해 특수하게 만들어진 보잉 727-200 항공기에 탑승하게 되었다. 그는 무중력을 느끼며 굳어진 근육으로도 해맑게 웃었다. 안타깝게도 그가 죽기 전까지 상업적인 우주여행은 이루어

무중력을 체험하고 있는 스티븐 호킹 교수

지지 않았다. 그는 갑작스러운 핵전쟁, 바이러스, 기후변화 등으로 지구상의 생명체가 미래에 위험한 상황에 놓일 것이라 예측했다. 이처럼 인류의 미래를 걱정하며 우주 비행과 우주 식민지가 반드시 필요하다고 생각했다.

현생인류는 분류학상 호모사피엔스*Homo sapiens*라는 학명을 얻었다. 인류의 기원을 찾으려는 질문을 열심히 던지고 있는 상황이 무색하게도 아직까지도 그 기원은 명쾌하게 밝혀지지 않았다. 하지만 많은 노력 끝에 호모사피엔스는 약 10만~20만 년 전쯤 아프리카 대륙 어딘가에 나타난 것으로 출현 시기를 좁혔다. 시간이 흘러 약 7만 년 전, 기후가 변화하면서 아프리카에 살 수 없게 된 인류는 지구 각지로 흩어지기 시작했다. 동시대를 보낸 많은 원시 인류가 멸종의 길을 걷는 동안 인류는 끊임없이 번성하고 발전해 지구를 정복했다. 현재 세계의 인구는 약 80억 명이고, 지금 이 순간에도 계속해서 늘어나고 있다. 많은 학자가 지구상의 인류가 앞으로 얼마나 더 늘어날지 가늠해 보고 있다. UN에서는 2100년경 100억 명을 넘어설 것이라 예측하기도 했다. 그러나 인류가 표면을 가득 메우며 살고 있는 이 지구가 앞으로 얼마나 많은 수를 감당해 낼 수 있을지 아무도 확신하지 못한다. 폭발적으로 성장하는 인구는 많은 문제를 야기한다. 물론 인구 증가율이 높은 아프리카에서 환경오염이 심각하지 않다는 사례를 들며 인구 증가가 위협이 되지 않는다는 주장도 제기된다. 그러나 많아진 인구의 경제력이 상승하면 환경오염의 주범이 되는 쓰레기를 다량으로 배출할 것이다. 그리고 한정된 지구상의 자원을 두고 모든 인류가 욕망을 채우기 위해 경쟁하기 시작하면 그 끝에 전쟁이 기다린다는 교훈을 모두가 역사를 통해 배웠다. 호킹 교수가 염려했던 바이러스의 창궐과 기후변화는 모두 현재진행형으로 일어나고 있는 사건들이다. 핵전쟁은 아직 일어나지 않았지만 지구 곳곳에서 전쟁이 발발할 때마다 모두가 긴장하고 있다.

기적적으로 평화를 유지하고 닥쳐오는 여러 재난을 슬기롭게 해결해 나가더라도 멀지 않은 미래에 인류에게 지구는 좁은 행성이 될 것이다. 희소한 자원은 빠르게 바닥날 것이고, 장기적으로는 식량 부족 문제가 발생할 수도 있다. 인류는 상황이 더욱 나빠져 등 떠밀려 지구를 떠나게 될 가능성이 높다. 한편으로는 역사 속에서 인류의 확장에 관한 특성을 찾아볼 수 있다. 인류가 지구를 정복하고 사회를 형성한 이래로 많은 국가의 지배자들은 권력을 유지하기 위해 제국주의적 면모를 보여왔다. 제국주의는 식민주의와 자주 혼용되고 있다. 학자들 사이에서는 두 개념의 미묘한 차이에 관해 논의하고 있지만, 대부분의 현대인에게 두 개념 모두 부정적으로 인식되고 있다는 사실은 명백하다. 식민지는 일반적으로 경제적 지배나 착취를 목적으로 건설되었고, 그 결과 종교나 언어, 경제, 문화 등의 강요로 이어지곤 했다. 이 과정에서 생겨난 노예제는 많은 해악을 낳으며 인류에게 지속적인 고통을 가했다. 인류의 미래 어느 시점에도 정복을 통한 권력 유지 목적으로 우주를 향한 제국주의가 등장할지 모른다.

제국주의와 식민주의를 비판하는 사람들은 원주민과 그들의 문화를 제거하는 과정이 본질적으로 대량학살과 다를 바 없다고 주장한다. 지구상에서 일어났던 대부분의 식민주의 관련 문제는 식민지에도 사람이 살고 있었기 때문에 발생했다. 그러나 우주에 식민지를 건설하는 계획은 아무래도 애매한 상황에 놓여 있다. 아직까지 지구 바깥의 어느 천체에서도 외계

인은 고사하고 생명체 자체를 발견한 적이 없기 때문이다. 따라서 지구 바깥의 천체에 대한 식민지 건설에 지구상에서 일어났던 윤리적·정치적 문제를 적용하는 것은 적절하지 않다는 의견이 많다. 전 인류를 마치 하나의 국가인 것처럼 여기고, 우주의 천체는 국가 내에서 새로 발견한 광산처럼 취급하는 것이 주된 견해다. 현재 인류는 1967년 UN의 우주 조약을 통해 어떤 국가도 지구 외의 천체에 대한 소유권을 주장할 수 없도록 규정하고 있다. 지구상에서 남극 대륙에 대해 모든 국가가 취하고 있는 태도와 동일하다. 인류는 역사를 통해 배운 바를 실천하기 위해 노력하고 있다.

'식민지colony'라는 단어는 고대 로마에서 쓰던 단어 '콜로누스단수형 colonus, 복수형 coloni'가 변형된 것이다. 콜로누스는 땅 주인이 소유한 토지에 거주하며 농사를 짓고, 농지를 사용하는 대가로 농작물의 일부를 소유주에게 지불하는 '소작농'을 의미한다. 콜로누스는 이후 유럽에서 널리 행해진 봉건 농노제의 기원으로 여겨진다. 현재 식민지는 지배하는 국가가 다양한 자원을 수탈하기 위해 정복한 지역이라는 의미가 강하지만, 근본적으로는 농업과 관련된 의미를 지니고 있다. 미국의 SF 작가이자 화학자인 아이작 아시모프Isaac Asimov, 1920~1992는 한 사람이 해냈다고 믿기 어려울 정도로 다양한 분야의 저서 500여 종을 남겼다. 그의 작품 중 가장 유명한 것은 SF 소설인 로봇 시리즈와 파운데이션 시리즈다. 파운데이션 시리즈의 주요 무대가 되는 행성 트랜터는 도시화가 극도로 진행되어 행성 전체가 단 하나의 회색 도시로 뒤덮일 정도라고 묘사된다. 이 도시를 부양하기 위해 매일 수만 대의 우주선이 주변 농업 식민지 행성으로부터 식량을 운송한다. 인류가 우주로 확장해 나가는 과정에서 트랜터와 같은 행성이 등장할 것이라 예상해 볼 수 있다. 아시모프의 한계를 모르는 상상력은 후대 사람들에게도 많은 영향을 미쳤고 지금까지도 회자되고 있다.

## 우주 농업

현재 인류가 처한 상황은 긍정적이든 부정적이든 언젠가 우주로 떠날 가능성을 내비치고 있다. 하지만 안타깝게도 우주로 떠난 인류에게도 먹고사는 문제는 계속해서 따라다닐 예정이다. 최초의 우주 식량은 소련에서 개발한 익힌 고기와 초콜릿이 담긴 튜브였다. 우주에서 장기간 임무를 수행하는 대원들은 튜브에 담긴 식량에 불만이 많았다. 철저하게 영양 성분만을 고려해 만들어진 이 물건은 아무래도 먹는 재미를 주지 못했고, 접착제나 치약을 짜 먹는 기분이 들게 만들 뿐이었다. 우주 식량은 계속 발전해 적당한 건조를 거쳐 진공 포장하는 방식으로 다양한 메뉴가 만들어지고 있다. 그러나 아직까지도 우주에서 임무를 수행하고 있는 대원들이 먹는 식량의 대부분은 지구에

소련에서 개발한 최초의 우주 식량

서 로켓에 실어 쏘아 올린 보급품이다. 우주 식량 보급에 관한 문제는 여전히 우주 임무의 비용을 늘리는 부담으로 작용한다.

우주 농업은 이러한 배경으로부터 등장한다. 우주 농업은 지구가 아닌 여러 우주 환경에서 작물이 자랄 수 있는 조건을 조성해 작물을 생산하려는 활동을 말한다. 우주 농업의 최우선 목적은 우주에 나가 임무를 수행하는 대원들의 식량을 공급하는 것이다. 우주 공간에서 직접 식량을 생산할 수 있다면 보급에 필요한 비용을 상당히 절약할 수 있다. 현재 인류가 탐사를 위해 사람을 보낸 지구 궤도나 달, 화성 등 모든 지구 바깥의 천체에서 우주 농업이 행해질 수 있다. 우주 농업의 부가적인 목적은 식물을 재배하는 과정을 통해 불필요한 물질을 소비하거나 유용한 물질을 생산해 대원의 생명을 유지시키는 데 사용하는 것이다. 식물은 인간의 식량으로 널리 사용되는 장점을 가지는 동시에, 광합성이라는 특수한 생체 반응을 통해 공기 중에서 이산화탄소를 제거하고 산소를 발생시키는 특성을 갖는다. 그러나 우주에 펼쳐진 환경은 지구 표면과는 많은 측면에서 다르다. 우주에서 작물을 재배하려면 기존 농업에서 사용되는 원리를 십분 활용하는 동시에, 우주 환경의 특성을 이해하고 필요한 기술을 적용하는 것이 중요하다. 우주의 여러 곳에는 지구와는 다른 중력, 기압, 자기장 등의 환경이 존재한다. 이러한 조건에서도 식물 생산이 가능하다면 우주 농업을 통해 더 많은 일을 해낼 수 있다. 우주 농업의 외연은 행성의 표면에서 농업 활동을 수행하는 수준까지 점차 확장된다. 지구와 같이 생명체가 살 수 있는 행성을 만드는 행위인 테라포밍에도 우주 농업 기술이 활용된다. 고갱과 호킹이 던졌던 '우리는 어디로 가는가'라는 질문에 대한 답은 아마도 우주일 것이다. 뒤따라 던져지는 '어떻게 인류가 우주로 나갈 수 있는가'라는 질문에 대한 해답을 제시하는 기술이 바로 우주 농업이다.

## CONTENTS

# 제1장

# 인류 문명을 개척한 농업의 역사

“뿌리가 깊은 나무는
바람에 아니 흔들리므로
꽃 좋고 열매 많나니”
_정인지 등, 〈용비어천가〉 중

## 농업의 역사

45억 년 전 태양계에서 지구가 형성되고 얼마 지나지 않아 지구 표면에는 넓은 바다가 만들어졌다. 이유와 시점이 확실하게 밝혀지지는 않았지만, 이 바다의 어딘가에서 생명체가 탄생했다. 호주의 필바라 크레이튼Pilbara Craton 지역에는 지구상에서 가장 오래된 암석이 남아 있다. 이 암석 안에서 34억 년 전에 지구상에 살았을 생명체의 잔해가 발견되었다. 최초의 생명체 이후 지구에는 수많은 생명체가 들끓기 시작했다. 생명체는 스스로 에너지를 화합물로 저장할 수 있는 독립영양생물과 스스로 양분을 생산할 수 없어 다른 생물이나 자원에서 공급받아야 하는 종속영양생물로 나뉘었다. 여러 화석에서 발견된 증거와 다양한 실험을 통해 종속영양생물이 먼저 태어나고, 이후에 독립영양생물이 모종의 이유로 발생했다는 사실이 밝혀졌다. 이후에도 생명체는 진화를 거듭해 셀 수 없을 만큼 다양한 형태로 분화되었다. 마침내 길고 긴 지구의 역사의 끝자락에서 인간이 탄생했다. 그러나 복잡하게 얽힌 생태계 속에서 인간은 종속영양생물의 범주를 벗어나지 못했다. 인간은 자신의 체내에서 양분을 합성할 수 없는 존재다.

지난 수십억 년 동안 모든 종속영양생물이 그러했듯 인간도 생명을 유지하기 위한 양분을 섭취해야 했다. 최초의 인간은 먹을 것을 구하기 위해 다른 동물을 사냥하거나, 식물의 먹을 수 있는 부위를 채집하는 삶을 살았다. 음식을 구하지 못한 인간은 최대 8주 정도밖에 생존할 수 없었다. 돌을 깎아 도구를 만들고 불을 사용해 음식을 요리할 수 있었지만, 식량을 찾아 떠돌아야 했다. 1만 년 전 즈음, 세계 곳곳에서 식물을 인위적으로 기르고 동물을 길들여 가축화하는 인간이 등장했다. 농업이 시작되면서 식량은 조금씩 남기 시작했고, 계획적으로 식량을 생산할 수 있게 되었다. 인간은 정착 생활을 통해 사회를 형성하고 문명을 일으키기 시작했다. 이 시점을 기준으로 신석기 시대가 시작된다. 유럽의 선사시대를 주로 연구한 호주의 고고

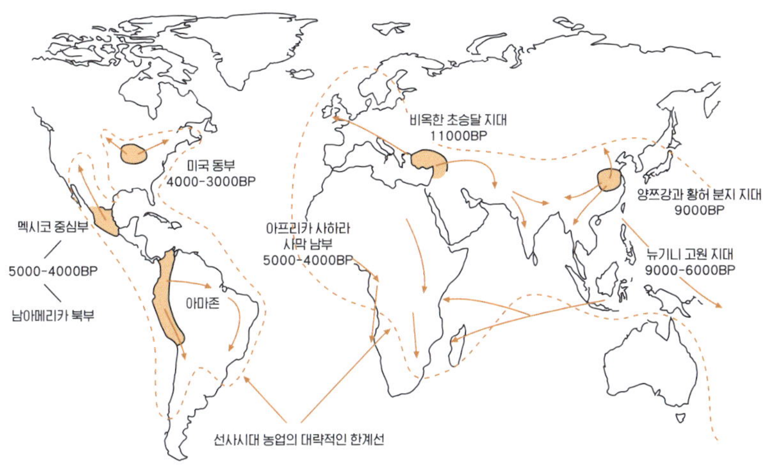


선사시대 농업의 기원과 확산을 나타낸 지도(Diamond, 2003)

학자 비어 고든 차일드Vere Gordon Childe, 1892~1957는 농업 등장의 중요성을 강조하기 위해 '신석기혁명'이라는 표현을 사용했다.

이스라엘의 식물유전학자인 다니엘 조하리Daniel Zohary, 1926~2016는 에머밀, 외알밀, 보리, 완두, 렌틸 콩, 병아리 콩, 쓴 살갈퀴, 아마 등 여덟 종의 식물이 중동 지역에서 최초로 순화되었을 것이라 보았다. 곡물류는 재배하기가 쉽고, 영양분이 많으며, 장기간 저장할 수 있었다. 단백질이 많은 콩과 작물은 여러 요리에 쓰였으며, 아마는 식용보다는 기름과 섬유를 얻기 위한 목적으로 재배되었다. 기원전 3000년경에 들어 북미 지역까지 농업이 퍼져 나갔고, 전 세계에 사는 인류는 식량을 생산하기 위한 농업에 매진하게 되었다. 돌로 만들었던 낫은 청동으로, 다시 철로 만들어지며 인류 문명의 발전은 가속화되었다.

더 많은 식량을 생산할 방법을 고민한 인류는 몇 가지 지식을 습득했다. 식물은 물을 잘 공급하면 쑥쑥 자랐기에 관개 기술이 발달했다. 수메르문명이나 인더스문명이 발생한 지역에서 출토된 사료에는 관개를 위한 수로를 만들었다는 기록이 남아 있다. 한반도에서는 백제가 농업용 저수지인 벽골제를 만들었다. 인류는 같은 땅에서 계속 농사를 지으면 생산량이 점차 낮아진다는 사실도 발견했다. 땅의 힘이 부족해졌다고 느낀 사람들은 여러 가지 방법을 활용해 문제를 해결해 나갔다. 농사를 쉬는 땅을 두어 지력을 회복시키거나, 여러 다른 작물을 번갈아 심는 윤작(돌려짓기)을 시도했다. 가축이나 인간의 배설물을 지력이 감소한 농지에 뿌리면 식물이 더 잘 자라는 것을 보고 비료의 개념도 알게 되었다. 중세 유럽에서는 춘경지, 추경지, 휴경지로 삼분하는 삼포식 농업을 시도했다. 휴경지에는 가축을 풀어 배설물이 토양에 자연스럽게 섞일 수 있도록 만들었다.

17세기 중반 영국에서는 전례 없이 농업 생산성이 증가했다. '영국 농업혁명' 또는 '제2차 농업혁명'으로 불리는 이 사건은 휴경지를 만들지 않고 목초를 기르는 방식으로부터 출발했다. 영국의 정치가 찰스 타운젠드Charles Townshend 자작子爵은 밀,

순무, 보리, 클로버를 계속 번갈아 심는 방식을 보급했다. '노퍽 4코스 시스템'으로 불리는 이 방식이 가져온 엄청난 생산성 덕분에 영국의 인구는 100년 동안 300만 명이나 증가했다. 타운젠드 자작의 순무 재배에 대한 강한 관심 때문에 순무 타운젠드라는 별명이 붙을 정도였다. 이 시기 동안 쟁기와 같은 농기구가 점차 개선되었고, 교통 인프라가 발달해 농작물의 유통이 활발해졌다. 인구는 계속해서 늘어났고, 많은 잉여 인력이 사회의 다양한 분야로 진출하면서 산업화와 도시화가 급속도로 진행되었다.

전 세계가 두 번의 큰 전쟁으로 몸살을 앓고 난 후, 농업에도 새로운 변화가 일어났다. '녹색혁명'이라고 불리는 이 변화를 주도한 인물은 미국의 노먼 볼로그Norman Borlaug, 1914~2009 박사다. 그는 줄기 녹병에 저항할 수 있는 능력을 가진 밀을 육종했다. 많은 국가에서 육종된 밀로 식량을 생산해 세계 식량 문제를 어느 정도 해결했고, 이에 대한 공로를 인정받아 1970년에 노벨 평화상을 수상했다. 동시에 화학의 발달은 값싸고 효과가 뛰어난 비료의 생산을 가능하게 했다. 비료와 더불어 농업의 가장 큰 적이라 할 수 있는 병해충을 제거하기 위한 강력한 살충제도 개발되었다. 인력을 대량 투입해야 했던 농업에 점차 농기계가 도입되면서 대량의 토지를 소규모의 인원이 관리할 수 있었다. 영국의 경제학자 토머스 맬서스Thomas Robert

Malthus, 1766~1834가 우려한 인구 증가와 그에 따른 식량 부족 문제는 녹색혁명과 같은 기술의 발달로 해결되었다. 오히려 오늘날은 세계 각국에서 과잉 식량 생산이 이루어지고 있다.

## 온실의 설치와 발달

농산물은 다른 공산품과 다르게 극심한 가격 변동을 보인다. 농산물 가격이 폭락하는 바람에 애써 가꾼 밭을 갈아엎었다는 신문 기사를 심심치 않게 볼 수 있다. 경제학에서는 상품의 가격이 상승하는 원인을 공급보다 수요라고 설명한다. 희소한 자원이나 상품은 그에 합당하게 가격이 높아진다는 사실은 일상에서도 흔히 느낄 수 있다. 희소성 있는 상품의 공급이 늘어 가격이 하락하면 뒤이어 수요도 늘어나 가격이 폭락하지 않는다. 이렇게 가격이 변할 때 수요가 크게 변하면 상품이 탄력성을 갖는다고 말한다. 반면, 농산물은 풍년이 들어 공급이 늘어나면 가격의 폭락으로 이어지는 경우가 많다. 농산물은 가격이 떨어지더라도 소비자가 구매하는 양이 거의 일정하기 때문이다. 쌀 가격이 내려갔기 때문에 한 그릇 먹던 밥을 두 그릇 먹게 되지는 않는다는 것이다. 경제학에서 농산물과 같이 가격이 변하더라도 수요가 따라서 변하지 않는 상품은 비탄력적 성격을 갖는다고 말한다. 반대로 흉년이 들어 농산물의 공급이 부족해지면 농산물 가격이 급등한다. 농산물은 특성상 1년 중 생산이 가능한 시기가 한정되어 있기 때문에 수요가 많을 때도 공급이 바로 늘어나지 않는다. 그래서 흉년이 들었을 때 조금이나마 팔 수 있는 농산물을 가지고 있는 농민은 농산물을 비싼 가격에 팔 수 있다. 풍년이 들면 농민의 수입이 오히려 감소하고, 흉년이 들면 농민의 수입이 늘어나는 이상한 상황을 '농부의 역설'이라고 부른다.

농민들은 농산물의 진절머리 나는 가격 변동에 적극적으로 대응해 나갔다. 그들이 선택한 전략은 가격이 비싼 작물을 재배하는 것이었다. 이런 농민들이 종사하는 분야를 우리는 '원예園藝, horticulture'라고 부른다. 원예라는 단어에서 우리는 화려한 꽃을 연상하거나 아름다운 정원을 가꾸는 행위를 떠올리곤 한다. 물론 꽃과 정원도 다루지만, 실제 원예를 통해 재배되는 작물은 채소와 과수가 다수를 차지하고 있다. 원예에서 채소와 과수를 다루는 이유는 원예의 어원에서 찾아볼 수 있다. 원예는 동산 '원(園)'과 재주 '예(藝)'라는 글자를 붙여서 만든 용어다. 동산 '원'은 공원이나 정원, 학원 등의 단어에서 흔히 접할 수 있다. 일반적으로 울타리가 쳐진 땅을 의미하며, 한자의 형태에서도 주변을 둘러싼 울타리가 보인다. 재주 '예'는 예술이나 예능 등의 단어에서 접할 수 있는 글자다. 갑골문자에서 유래한 이 글자는 사람이 무릎을 꿇고 앉아 양손에 풀이나 나무를 들고 있는 모습을 형상화한 것이다. 재주 '예'의 최초 뜻은 식물을 심고 가꾼다는 것이었다.

물론 이러한 어원은 영어에서도 동일하게 나타난다. horticulture는 접두사 horti-와 '경작'을 의미하는 culture가 합쳐진 용어다. horti-는 라틴어 hortus에서 기원했고, 울타리가 쳐진 땅을 의미한다. culture는 라틴어 colere에서 기원했고, cultura를 거쳐 식물을 심고 가꾸는 농업 활동을 의미하게 되었다. 반대로 식량으로 소비하기 위한 곡류를 울타리 없는 논이나 밭에서 기르던 기존의 농업은 agriculture라고 불린다. agri-는 '성 밖'을 의미하는 접두사로 horti-와 반대되는 뜻을 갖는다. 종합하자면, 원예는 '울타리를 치고 그 안에서 식물을 기르는' 행위를 뜻하는 용어임을 알 수 있다.

왜 울타리를 쳐야만 했을까 상상해 보면 몇 가지 이유가 떠오른다. 울타리를 치지 않으면 밤새 자는 동안 멧돼지나 노루 같은 야생동물이 밭을 들쑤시고 다녔기 때문일 것이다. 요즘에도 멧돼지가 한 해 농사를 망쳐놓아 시름하는 농민들을 흔히 볼 수 있다. 사람에게 맛있는 작물은 야생동물이나 해충의 입에도 맛있게 느껴진다. 야생동물이나 해충만큼 무서운 것이 또 있다. 바로 기르고 있는 작물을 서리해 가는 다른 사람들이다. 가격이 비싼 작물을 기르겠다고 마음먹은 농민들은 적극적으로 자신이 재배하는 작물을 보호하기 시작했다. 이렇듯 외부의 여러 위험 요소로부터 작물을 보호하려는 농업의 방식을 원예라고 부르게 되었다. 꽃이나 잘 가꾼 정원, 값비싼 채소나 과일도 원예의 범주에 들어오게 된 것이다. 따라서 전통적인 원예는 생활 공간 주변의 작은 토지에서 경제성이 높은 채소와 과수, 화훼 작물을 보호하며 집약적으로 재배하는 활동을 의미하게 되었다.

원예를 시작한 사람들이 선택한 작물은 주로 가격이 비싼 것들이었다. 주변에서 흔히 볼 수 없는 종류의 작물이 주를 이루었다. 13세기 바티칸에 세계 최초로 건설된 식물원에서는 바티칸에 있을 수 없는 열대식물과 열대 채소를 전시했다. 이후 대항해시대가 도래하면서 열대와 아열대 지역의 진기한 식물들이 유럽으로 물밀듯이 쏟아져 들어왔다. 외래 식물들의 수집과 재배는 귀족 사회에서 크게 유행하기 시작했다. 남들이 가지지 못한 식물을 수집한 귀족은 어깨를 으쓱하며 다닐 수 있던 시대였다. 그러나 대부분의 열대식물은 유럽의 추운 겨울을 나기 어려웠다. 로마 폼페이 문명 시절부터 쓰인 운모판이나 유리판으로 천장을 덮은 건물에 식물을 넣어두어야 식물을 살려둘 수 있었다. 그 전까지 마땅한 이름도 없이 천장에 창문 달린 집이나 식물원 등으로 불리던 이 건물에 이름을 붙인 사람이 있었다. 회고록으로 유명한 영국의 작가 존 이블린 John Evelyn, 1620~1706은 '온실greenhouse'이라는 용어를 최초로 사용

존 이블린의 초상화와 그가 발명한 온실 온풍난방법 설명도

했다. 원예에 심취한 그는 귀한 식물들을 살리기 위해 온실에서 사용할 온풍난방법을 개발하기도 했다. 그가 작성한 도면은 온실의 난방 방식에 관한 특허를 취득하기 위한 목적을 가지고 있었다. 최초로 온실 관련 기술이 지적재산권을 보호받고, 상업용 온실이 가능해진 시점이었다. 후대 사람들은 식물에 충분한 빛을 공급하기 위해 온실의 구조와 지붕의 각도를 바꿔보았으며, 유리가 널리 보급되면서 온실의 크기도 점차 커져갔다. 19세기에 들어오면서 온실은 귀족의 전유물에서 농민의 생계를 위한 수단으로 변했다.

작물을 보호하려는 목적에서 시작된 원예는 온실의 발달과 함께 새로운 하위 분야를 만들어 낸다. 시설 원예protected horticulture는 울타리를 쳐서 작물을 보호하던 것을 넘어 온실과 같은 시설을 지어 더욱 적극적으로 작물을 관리하는 방식이다. 온실을 이용해 겨울철에도 작물을 재배하게 된 농민들은 소득을 끌어올릴 수 있었다. 밭에서 재배하던 작물은 제철이 지나면 수확되지 않았지만, 온실에서는 계속해서 수확할 수 있었기 때문이다. 마트에 가서 제철이 아닌 농산물을 집어 들면 그 가격에 깜짝 놀라게 될 것이다. 재배 시기를 확장할 수 있는 시설 원예의 장점은 농민의 소득 증대에 큰 역할을 했다. 적절한 온실의 입지를 선정하고, 용도에 맞는 구조를 선택하면 바깥의 날씨가 어떻게 변하든 작물을 재배할 수 있게 되었다.

한겨울이었던 1417년 1월, 장원서掌苑署의 신하들이 꽃이 활짝 핀 영산홍 화분을 성종에게 진상했다. 장원서는 조선 궁중에서 정원을 관리하고 화초나 과일나무 등을 재배하던 관청이었다. 진귀한 꽃을 받은 성종의 답변은 『성종실록』 13권에서 볼 수 있다.

> 겨울 달에 꽃이 핀 것은 인위人爲에서 나온 것이고 내가 꽃을 좋아하지 않으니, 금후로는 올리지 말도록 하라.

장원서에서 열심히 일하던 신하들은 임금의 반응이 야속하게 느껴졌을지도 모른다. 1450년 왕실의 어의 전순의全循義는 요리책과 농업책을 겸하는 『산가요록山家要錄』을 지었다. 농촌에 필요한 기록이라는 의미를 지닌 이 책에는 장원서에서 어떻게 한겨울에 영산홍의 꽃을 피워낼 수 있었는지 그 기술에 관한 내용이 기록되어 있다.

> 건조한 저녁에는 바람이 들어오지 않게 하되, 날씨가 추우면 반드시 두꺼운 날개를 덮어주고 날씨가 풀리면 즉시 철거한다. 날마다 물을 뿌려주어 방 안에 항상 이슬이 맺혀 흙이 마르지 않게 하고 담 밖에 솥을 걸고 둥글고 긴 통을 만들어 그 솥과 연결해 아침저녁으로 불을 때서 솥의 수증기로 방을 훈훈하게 해주어야 한다.

서양에서 본격적으로 작물 재배용 온실이 설치되기 100여 년 전에 이미 조선에서 온실을 이용한 기록이 남아 있는 것이다. 현재 쓰이고 있는 기술의 명칭과는 다르지만, 기초적인 가온, 보광, 채광, 가습의 개념을 조선에서도 사용하고 있었다. 아쉽게도 그 후 20세기가 될 때까지 한국에서 온실 기술이 발달했다는 기록은 남아 있지 않다. 좋은 기술을 가지고 있었음에도 뒤늦게 시설 원예에 뛰어들게 된 우리나라의 상황에 조금은 아쉬움이 남는다.

## 온실 내부 환경의 특성

경상남도 김해시에서 태어난 박해수1926~1985 씨는 열여덟 살이 되던 해에 부친을 여의고 소년가장이 되었다. 중학교 진학도 포기한 그는 여덟 식구의 생계를 잇기 위해 양계와 양돈, 감재배 등 여러 농사에 손을 댔다. 안타깝게도 모든 농사가 실패로 돌아갔고, 농사에도 공부가 필요하다는 사실만 뼈저리게 깨닫게 되었다. 제대로 된 영농 서적도 구하기 힘들던 당시에 그는 국민학교에서 배운 일본어 실력으로 일본의 영농 서적을 탐독하기 시작했다. 일본에서는 이미 비닐을 이용해 온실을 짓는 기술이 보급되고 있었지만, 우리나라에는 그마저도 없는 시절이었다. 1958년 그는 기름 먹인 한지를 동그랗게 말아 고깔을 만들었고, 무사히 겨울을 난 배추를 재배하는 데 성공했다. 곧바로 1959년 11월에는 오이와 가지, 고추를 재배하는 데도 성공했다. 제철이 아닌 초겨울에 오이를 본 사람들은 크게 놀랐다.

1960년이 되어 농업용 비닐이 국내에서도 생산되기 시작했다. 그는 대나무를 휘어 만든 터널에 비닐을 씌워 국내 최초로 비닐하우스를 만들었다. 비닐하우스에서 작물을 재배하는 것이 성공하자 김해 지역의 농업은 활기를 띠기 시작했다. 그는 공로를 인정받아 농업기술상과 동탑산업훈장 등을 수상하게 되었다. 그는 1985년 향년 60세로 세상을 떠났지만, 그의 노력의 결실은 지금까지도 전국 곳곳에 비닐하우스의 모습으로 남아 있다. 김해시는 2008년에 그의 업적을 기리기 위해 그가 최초로 비닐하우스를 세웠던 분성로 579길 입구에 비석을 하나 세웠다.

영미권에서는 '비닐하우스'라는 명칭 대신 '플라스틱 온실 plastic greenhouse'이라는 표현을 사용하고 있다. 그러나 우리나라에서는 플라스틱 온실이 어색하게 느껴질 정도로 비닐하우스라는 표현이 널리 사용되고 있다. 비닐 재질이 아닌 피복재를 사용하는 온실도 비닐하우스라고 불리기 십상이다. 아마도 박해수 씨가 일본 영농 서적을 탐독하며 익숙해진 용어를 옮긴 영향이 아직까지도 남아 있는 것으로 보인다. 심지어 비닐하우스를 줄여 하우스라고 부르는 경우도 많다. '하우스 수박'이나 '하우스 감귤', '하우스 딸기' 등은 일상에서도 널리 쓰이는 표현이다.

플라스틱 온실이 보급되기 시작한 이후 우리나라의 시설원예는 급속도로 발전한다. 발전 초기에는 늦가을과 초봄에 갑작스럽게 닥치는 저온을 막으려는 목적으로 플라스틱 온실이 사용되었다. 이 시기에는 보온 외에 창을 열어 외부의 공기를 온실 안으로 넣는 환기 정도만 할 수 있었다. 1990년대에 접어

일반적인 플라스틱 온실의 형태

들면서 농민들은 온실 내부에서 인위적으로 환경을 조절할 수 있다는 사실을 깨닫게 되었다. 현대화된 온실에서는 보온과 환기 외에도 적극적인 난방과 냉방이 가능했고, 모자란 빛을 전등으로 보충하면서 이산화탄소를 공급하는 장치까지 설치하게 되었다. 물론 다양한 장치와 설비가 온실 안에 들어가면 시설을 짓고 관리하는 데 드는 비용이 늘어난다. 냉난방을 하면 투입해야 하는 에너지도 증가한다. 그러나 이에 따라 온실에서 생산되는 작물의 가격도 올라가면서 농민의 소득은 점차 상승했다.

온실 내부에서 외부 환경과 가장 크게 달라지는 것은 빛이라고 할 수 있다. 온실은 논밭과 달리 구조물에 피복재를 씌운 시설이기 때문에 작물 위쪽에 여러 구조물이 놓여 있다. 기둥은 햇빛을 가려 그림자를 만들고, 피복재를 통과하는 빛은 반사되거나 굴절되어 양이 줄어든다. 일반적인 유리 온실은 구조물이 전체 태양광을 15% 정도 감소시키고, 플라스틱 온실은 5% 정도 감소시킨다. 피복재는 종류에 따라 다르지만, 유리는 90% 정도의 투과율을 보이며 폴리에틸렌 필름은 80% 정도의 투과율을 보인다. 만약 온실을 오래 사용해 피복재가 더러워지면 광 투과율은 더 감소하게 된다. 줄어든 빛의 양은 작물의 광합성을 감소시킨다. 광합성은 식물의 기본적인 생리적 반응으로, 빛을 이용해 에너지원인 포도당 등의 탄수화물을 생성하는 과정이다. 생성된 탄수화물은 식물의 세포벽을 만들거나 전분의 형태로 저장된다. 광합성이 잘 일어날 수 없는 어두운 환경이 되면 작물의 생장이 감소한다. 농민의 입장에서는 작물이 잘 자라지 못해 걱정이 많아진다. 온실 내부로 들어오는 빛의 양을 늘리기 위해 피복재를 세척하거나, 내부에 빛을 반사하는 재질의 반사판을 설치할 수 있다. 네덜란드 남동쪽의 벤로Venlo 지방에서는 골조가 적게 들어가 광 투과율이 높은 형태의 온실을 개발했다. '벤로형 유리 온실'로 불리는 이 온실은 과채류의 재배에 적극적으로 활용되고 있으며, 국내에도 많이 보급되어 유리 온실의 대표적인 형태로 알려졌다.

벤로형 유리 온실의 형태

온실의 겉부분을 담당하는 피복재는 종류에 따라 빛의 일부 파장을 통과시키지 않는다. 사람의 눈에 보이지는 않지만, 자외선은 어떤 작물에는 매우 중요한 빛이다. 만약 자외선이 없는 상황에서 가지를 기른다면 가지에서 안토시아닌 색소가 형성되지 않아 우리가 잘 알고 있는 보라색 가지를 키울 수 없다. 장미의 꽃잎 색이 예쁘게 물드는 데도 자외선이 필요하다. 만약 꽃의 수분을 위해 온실 안에서 벌을 이용한다면, 자외선이 반드시 필요하다. 벌들은 우리 눈에 보이지 않는 자외선을 볼 수 있는 눈을 가지고 있어 꽃에 반사되는 자외선 무늬를 보고 꽃을 찾아다닌다. 유리나 폴리카보네이트 재질의 피복재를 사용하는 온실에서는 자외선이 차단되어 벌들이 길을 잃을 우려가 있다. 마찬가지로 원적외광은 사람의 눈에 보이지 않지만 적색광과의 비율에 따라 작물의 마디 길이를 조절하는 역할을 한다. 피복재의 특성에 따라 바깥에서는 잘 자랐던 작물이 온실 내부에서는 왜소해지기도 한다. 온실에서는 부족한 빛의 양을 늘리거나 사라진 파장대의 빛을 공급하기 위해 조명을 이용한다. 조명을 이용해 빛을 공급하는 일은 빛을 보충해 준다고 해 '보광補光'이라고 부른다. 보광을 하면 작물의 광합성을 늘려 작물이 잘 자란다. 최근에는 발광 다이오드Light Emitting Diode, LED가 발달해 원하는 파장의 빛만 작물에 공급할 수 있다.

보광은 간혹 작물의 생체리듬에 혼란을 일으키는 데 이용되기도 한다. 우리가 삼겹살을 먹을 때 상추와 함께 즐기는 깻잎은 들깨의 잎이다. 들깨는 꽃이 피고 열매가 맺히면 기름을 짜 들기름으로 이용하기도 한다. 들깨는 낮의 길이가 짧아지는 가을철이 되면 꽃이 핀다. 그러나 들기름을 짜는 것보다 잎을 더 많이 수확하는 것이 농민에게 더 큰 소득을 가져온다. 들깨를 재배하는 농민은 일부러 전등을 설치하고 가을이 오지 않은 것처럼 들깨를 속인다. 들깨는 꽃을 피우지 않고 계속해서 잎을 만들어 맛있는 깻잎을 공급한다. 꽃이 피는 시기를 조절해야 하는 국화 같은 작물도 보광을 적극적으로 이용하는 대표적인 사례다.

온실 내부의 환경 중 빛만큼이나 외부와 다른 것은 역시 온도라고 할 수 있다. 지구의 대기에서 일어나는 온실효과는 여러 기체가 지구상에서 우주로 나가는 적외선을 흡수하기 때문에 일어난다. 열이 한곳에서 다른 곳으로 이동하는 현상인 열전달에는 크게 세 가지 방식이 있다. '전도'는 고체 물질이 물리적으로 접촉하고 있는 경우에 열이 전달되는 것이다. '대류'는 유체의 운동으로 물체와 환경 사이에 열이 이동하는 것이다. 마지막으로 '복사'는 전자기파의 형태로 열이 이동하는 것을 말한다. 대기 중의 온실효과는 주로 복사를 통해 이동 중인 열을 흡수하는 기체가 일으키는 것이다. 반면, 온실에서는 기체 대신 겉을 둘러싸고 있는 피복재가 내부의 열이 대류를 통해 빠져나가는 것을 막기 때문에 온실효과가 일어난다. 빠져나가지 못한 열이 온실 내부의 기온을 높이는 것이다. 물론 온실 내부에서 복사를 통해 열이 전혀 빠져나가지 않는 것은 아니다. 온실 내부에 빛을 반사할 수 있는 재질의 스크린을 설치하면 내부 기온이 더 증가한다. 결론적으로 온실은 열의 대류와 복사를 차단하는 방식으로 내부 기온을 외부 기온보다 높게 유지하는 시설이라고 할 수 있다.

아침에 태양이 뜨고 온실에 태양광이 비치기 시작하면 온실 내부의 기온은 급격하게 상승한다. 이 시기에는 태양광으로 온실 내부에 들어오는 열이 온실 외부로 빠져나가는 열보다 압도적으로 많다. 비열은 정해진 질량을 가진 물질의 온도를 일정한 수준으로 올리는 데 필요한 열의 양을 말한다. 우리 주변에서 물은 비열이 큰 물질에 속하고, 공기는 비열이 작은 물질에 속한다. 비열이 작은 공기는 열을 공급받으면 온도가 크게 상승한다. 그러나 온실 안의 기온이 한없이 올라가는 것은 아니다. 열전달이 일어나는 양은 두 위치의 온도 차이로 결정된다. 온실 내부의 온도가 올라가면 올라갈수록 온실 밖으로 빠져나가는 열의 양도 더 많아진다. 온실 내의 기온은 일반적으로 오후 2시쯤 최대가 되고, 해가 지기 시작하면서 점차 내려간다. 바깥 기온이 하루 중 0℃와 20℃ 사이를 움직였다면, 온실 내부의 기온은 5℃에서 55℃까지 크게 변화하기도 한다. 온실 외부의 일교차가 20℃라면, 온실 내부에서는 50℃에 가까운 일교차가 나타날 수 있다. 물론 이러한 일교차는 온실의 밀폐된 정도나 토양이 젖은 정도, 날씨 등에 따라 달라진다.

작물을 기르는 온실 내부에서는 온도 조절에 신경을 써야 한다. 동물이라면 몸을 움직여 온실 바깥으로 탈출할 수 있겠지만, 식물은 계속해서 온실 안에 있어야 한다. 적당히 높은 온도는 작물의 광합성을 촉진시킨다. 그러나 과도하게 높은 온도는 작물의 광합성을 관장하는 효소의 활성을 망가뜨릴 수 있다. 적당한 온도 조건을 유지해 줄 때 작물은 광합성을 활발하게 할 수 있다. 일반적인 온실 재배 원예 작물은 대부분 25℃ 전후의 온도에서 가장 높은 광합성 속도를 보인다. 식량으로 주로 쓰이는 옥수수 등의 식물은 특정 세포에 많은 양의 탄소를 모을 수 있는 능력을 가져 더 높은 온도에서 광합성을 최대한 일으킬 수 있다. 해가 쨍쨍한 미국의 중부 콘 벨트Corn Belt 지역에서 옥수수 재배가 성행하는 이유도 높은 기온이라고 할 수 있다.

온실은 대부분 천장과 측면에 창문을 내는 구조로 되어 있다. 천장의 창문을 열면, 뜨거워져 팽창하고 상승한 공기가 창문으로 빠져나간다. 이렇게 뜨거운 공기가 빠져나간 자리에는 측면의 창문으로 바깥의 공기가 들어와 내부 기온을 낮춘다. 대부분의 플라스틱 온실은 이러한 환기를 통해 내부 온도를 조절한다. 온실 안에 부족해진 이산화탄소를 공급하거나, 유해한 가스가 생겼을 때 제거하는 목적으로 환기를 일으킬 수도 있다. 그러나 우리나라에서는 한여름에 환기만으로 온실 내부의 온도를 충분히 낮출 수 없는 날들이 많다. 이런 고온기에는 온실 안에도 냉방이 필요하다. 온실에서 사용되는 냉방 방식은 대부분 물이 증발하며 주변으로부터 열을 빼앗아 가는 기화 냉각의 원리를 이용하고 있다. 물은 액체 상태에서 기체 상태로 변할 때 1kg당 529kcal라는 많은 양의 열을 주변으로부터 빼앗는다. 온실 한쪽 벽면에 물에 적신 골판지를 두고 환기팬을 작동시키면 실내로 들어오는 공기의 온도를 낮출 수 있다. 이러한 방식을 '패드 앤드 팬pad and fan'이라고 부른다. 최근에는 미세한 물방울 입자를 온실 내부에 흩뿌리고 증발시키는 세무 냉방

fog and fan을 사용하기도 한다.

만약 온실 안에서 고온을 제대로 관리하지 못하면 식물은 고온 피해를 입는다. 고온 피해는 작물의 생활사 전반에 걸쳐 여러 형태로 문제가 된다. 낮은 온도에서 발아하는 씨앗은 고온에 노출되면 발아율이 낮아진다. 같은 양의 씨앗을 심어도 충분한 모종을 얻기 어렵다. 우리가 김치로 즐겨 먹는 배추는 고온에 노출되면 속이 꽉 들어차지 않는 문제가 발생한다. 배추의 속이 들어차는 것을 '결구結球'라고 부르는데, 고온은 작물의 결구를 방해한다. 상추 종류는 고온을 장기간 느끼면 꽃을 피우고 씨앗을 만든다. 자연 상태에서 여름철을 지낸 상추는 자연스럽게 가을에 꽃을 피우기 때문이다. 꽃을 피운 상추는 더 이상 잎을 키우지 않는다. 쌈 채소를 판매해야 하는 농민에게 상추 잎이 더 이상 자라지 않는다는 소식은 그리 달갑지 않다.

사계절이 뚜렷한 우리나라에서는 여름철 고온도 문제지만, 겨울철 저온도 해결해야 할 문제다. 온실 자체가 내부의 온도를 주변보다 높일 수 있는 것은 사실이지만, 외부 기온이 너무 낮아지면 온실 내부도 따라서 저온이 된다. 농민들은 겨울철이 되면 온실에 여러 가지 보온 대책을 마련한다. 보온의 기본적인 원리는 열이 빠져나가는 것을 방지해 온실 내부의 온도를 유지하는 것이다. 온실을 지을 때 이중으로 지으면 온실 내부에서 열이 빠져나가는 것을 막을 수 있다. 아파트의 유리창에서 주로 쓰이는 이중창과 같은 원리로 밀폐되는 정도가 높을수록 열이 덜 빠져나간다. 그러나 피복재가 두 겹이 되면 온실 안에 들어오는 빛이 줄어들 염려가 있다.

온실 주변에 바람을 막아줄 수 있는 방풍벽을 설치하거나, 나무를 심어 방풍림을 만드는 것도 좋은 보온 방법이다. 이미 온실을 지어 구조를 바꾸기 어렵거나 특정 시기에만 보온이 필요한 경우에는 온실 외부에 보온재를 덧씌우는 방식을 주로 활용한다. 그러나 이 방식은 보온 효과는 뛰어나지만 태양광을 완전히 차단하는 재질의 보온재가 많기 때문에 내부의 작물이 광 부족 증상을 보일 염려가 있다. 최근에는 온실 내부에 치고 걷을 수 있는 보온 커튼을 설치하는 경우가 많아지고 있다. 모터를 달아 온도가 낮아지면 보온 커튼을 끌어당겨 온실 내부에 열을 가두는 방식이다. 앞서 언급한 것처럼 비열이 큰 물을 이용하는 방식도 보온을 위해 활용되고 있다. 온실 내부에 물을 담은 주머니를 넣어두면 낮에 열을 대량으로 흡수한 물 주머니에서 밤 동안 서서히 열이 빠져나온다.

보온이 철저해도 바깥이 너무 추워 온실 내부의 온도도 따라서 낮아지면 작물은 저온 피해를 입는다. 온실에서는 적극적인 난방을 위해 난로나 전열선을 이용해 열을 공급한다. 그러나 난로에서는 연료를 태우면서 유해한 가스가 나오는 경우가 많고, 난로 주변만 과도하게 뜨거워지는 문제가 있다. 전열선을 이용하면 빠르게 온도를 올릴 수 있지만, 전기에너지 비용이 많이 들고 정전이 되었을 때 열을 공급할 수 없다. 이런 문제 때문에 작물을 재배하는 온실에서는 온풍난방이나 온수난방을 주로 사용하고 있다. 온풍난방은 온실 외부에서 가열한 공기를 온실 내부로 불어 넣어 온도를 올리는 방식이다. 주로 비닐로 된 덕트를 설치하고 그 안에 따뜻한 공기를 불어 넣는 형태로 난방을 한다. 대부분의 플라스틱 하우스에서는 온풍난방 방식으로 겨울철을 견딘다. 그러나 온풍난방을 하면 실내 공기가 건조해진다는 문제가 있고, 연료가 떨어지거나 정전이 되었을 때 사용할 열원이 추가로 필요하다는 단점이 있다. 유리 온실에서 고가의 채소를 기르는 농민들은 주로 온수를 이용해 난방을 한다. 우리나라의 집집마다 들어가 있는 보일러가 바로 온수난방이다. 온실 내에 60~80℃로 가열된 온수를 흘려보내고 열을 천천히 방출하게 한다. 이 방식은 갑자기 정전이 되더라도 남아 있는 온수에서 계속 열이 공급되므로 안정적이다. 그러나 온수를 데우는 시간이 많이 걸리고, 겨울에 배관이 동파될 우려가 있어 항상 배관에 신경 써야 한다는 단점이 있다.

저온에 의해 온실 내부의 작물이 입는 피해의 종류는 온도에 따라 다르다. 보통 '냉해冷害'라고 부르는 피해는 0~15℃ 정도의 온도에서 작물이 제대로 자라지 않는 것을 말한다. 열대 지역이 원산지인 작물은 이 정도의 온도에서도 큰 피해를 입을 수 있다. '동해凍害'라고 부르는 피해는 0℃ 이하의 온도에서 작물 세포 안에 들어 있는 물이 얼면서 발생한다. 물은 얼음이 되면서 분자가 육각형으로 정렬하며 부피가 커진다. 작물의 세포 내에서 물이 얼면 부피가 커지고 얼음 조각이 세포를 찢고 나온다. 저온 피해에 약한 채소로는 수박, 오이, 참외 등 박과 채소와 고추, 가지 등 가짓과 채소가 있다. 대부분 여름철이 제철인 채소지만, 겨울에 이런 작물을 재배할 때는 저온 피해를 줄이기 위해 신경 써야 한다.

식물은 뿌리에서 수분을 흡수해 공기 중으로 내보내는 증산작용을 활발하게 일으킨다. 식물에게 수분은 광합성과 같은 물질대사의 원료이기도 하며, 여러 양분을 전달하므로 동물의 혈액과 같은 기능을 갖기도 한다. 증산작용을 통해 식물은 많은 양분을 체내 곳곳에 보낸다. 또한 더울 때 식물은 증산작용을 통해 수분을 증발시켜 잎의 온도를 낮추기도 한다. 어찌 보면 식물은 물을 끌어 올려 공기 중에 뿜어내는 펌프와 크게 다르지 않다. 온실 내에서 온도가 변하면 습도도 변한다. 온풍기를 작동시키면 공기가 건조해지듯이 온실 내에서도 온도 변화에 따라 공기 중의 습도가 변한다. 식물은 변하는 습도에 맞춰 기공을 열거나 닫아 증산작용을 조절한다. 온실 내에는 증산작용의 결과로 높은 습도 환경이 만들어지기 쉽다. 습도 조절이 제대로 되지 않아 고습도 환경에 식물이 오래 노출되면 기공을 열어두어도 증산작용이 감소한다. 결국 뿌리에서 양분을 끌어 올리는 힘이 약해지고, 식물의 잎 곳곳에는 양분 부족으로 인한 문제가 발생한다. 고습도 조건은 환기를 통해 해소해 줄 필요가 있다. 반대로 저습도 조건은 과도한 증산작용을 일으킨다. 식물은 저습도 조건에 오래 노출되면 몸 안의 수분을 뺏기지 않기 위해 기공을 닫는다. 온실 안에서는 미세한 물방울을 뿜어내는 노즐을 이용해 공기 중의 습도를 높이는 방법을 사용하기도 한다.

온도와 습도를 조절하기 위해 온실의 창문을 여닫는 일은 온실 안의 기체 조성을 바꾸기도 한다. 작물의 광합성에 쓰이는 에너지원이 빛이고, 광합성을 수행하는 효소의 활성을 조절하는 것이 온도라면 광합성의 재료는 이산화탄소다. 이산화탄소는 다른 여러 양분과는 다르게 잎의 기공을 통해 작물에 공급된다. 적절한 습도에서 증산작용이 활발하게 일어나는 조건이라면 기공이 활짝 열려 있고, 열린 기공을 통해 이산화탄소도 넉넉하게 공급된다. 빼곡하게 작물을 기르는 넓은 온실에서는 작물이 이산화탄소를 대량으로 소모해 대기 중 농도인 400ppm보다 한참 낮은 50~100ppm 정도의 농도를 보인다. 작물의 광합성을 늘리기 위해 농민들은 온실 안에 이산화탄소를 일부러 주입하기도 한다. 이산화탄소 비료를 뿌린다는 뜻에서 '이산화탄소 시비'라고 불리는 이 방식은 주로 액화 이산화탄소를 기화시키거나, 연료를 연소시켜 이산화탄소를 발생시키는 원리를 활용한다. 파프리카나 딸기를 재배하는 농민은 이산화탄소 시비의 효과를 크게 보고 있다. 예를 들어, 800ppm 정도로 온실 내부의 이산화탄소 농도를 높였을 때 파프리카가 20% 정도 더 생산되는 결과를 보인다.

## 수경 재배의 발달

식물의 뿌리는 인간의 몸에서는 찾아볼 수 없는 기관이기 때문에 많은 오해를 불러일으켰다. 식물의 지하 또는 아래쪽으로 자라는 부분을 뜻하는 root는 고대 영어 rōt에서 유래했다. 인간의 몸에서 그나마 뿌리와 형태가 유사한 것을 찾아보면 치아의 아랫부분이나 머리카락의 모근 등이다. 서양에서는 12세기 전후부터 뿌리가 특성 또는 상태의 원천을 나타내는 비유적인 의미로 사용되었다. 동양에서도 비슷한 시기에 뿌리에 대한 비유적인 표현이 사용된 것으로 보인다. 조선 초기 세종 29년(1447년)에 발간된 『용비어천가』는 세종대왕이 훈민정음을 창제한 후 이를 시험하기 위해 신하들에게 편찬을 의뢰한 서사시다. 『용비어천가』는 임금을 용에 비유해 찬양하고 왕조의 정당성을 선전하려는 내용을 담았다. 2장에는 한국 사람이라면 한 번은 들어본 적 있을 '뿌리 깊은 나무'라는 표현이 등장한다. 이는 중국의 고사를 인용하지 않고 순우리말로 쓰인 비유적 표현으로 문학적 가치가 높은 것으로 평가받고 있다.

뿌리는 동서를 막론하고 무언가의 기원이나 본래의 성질, 자라온 환경 등을 비유하는 데 쓰였다. 한자어인 근본根本도 처음에는 식물의 뿌리를 가리키는 말이었지만, 한국에서는 사물의 본질이나 자라온 환경을 나타내는 용어로 정착했다. 우리는 일상에서도 어떤 대상이 근본이 있는지 없는지 요모조모 따져보곤 한다. 수학에서도 같은 맥락에서 용어를 빌려 '제곱근'이라는 개념이 만들어졌다. 그러나 식물의 생활사가 시작되는 지점, 즉 식물의 원천은 뿌리가 아니다. 식물의 생활사는 씨앗에서 시작한다. 씨앗 안에 들어 있는 눈에는 앞으로 줄기로 자랄 어린 눈(유아)과 앞으로 뿌리로 자랄 어린 뿌리(유근)가 형성되어 있다. 발아 후에 유근이 자라 우리가 알고 있는 식물의 뿌리 형태를 갖추게 된다. 이렇게 종자로부터 발생한 뿌리를 정근定根이라고 부른다.

식물이 종자로부터 태어나 뿌리와 줄기를 만들고 성장한 후 다시 꽃을 피우고 열매를 맺어 종자를 만드는 것은 계절의 변화에 따른다. 한겨울이 되어 생존할 수 없게 된 식물은 앞으로 새 생명체가 될 씨앗을 만들어 뿌리고 한 세대가 죽어 사라지는 것이다. 대부분의 식물은 봄에 싹이 나서 여름에 자라 꽃을 피우고 겨울이 오기 전에 시들어 죽는다. 이런 식물을 '한해

살이식물' 또는 '일년생식물'이라고 부른다. 그러나 진화 과정을 거친 여러 식물 중 살아 있는 상태로 겨울을 날 수 있게 된 종류가 있었다. '여러해살이식물' 또는 '다년생식물'이라고 불리는 식물은 땅속에 남아 있는 뿌리로 혹독한 겨울을 견딘다. 이듬해 봄이 되면 살아남은 땅속의 뿌리에서 새싹이 올라와 다시 무성해진다. 뿌리가 식물의 원천이라는 오해는 여러해살이식물을 보고 생겨난 것이다. 추운 겨울에도 뿌리가 땅속에 단단하고 깊게 박혀 있으면 살아남아 다음 해에도 꽃을 피울 수 있다. 한자리에 자신의 몸을 지탱할 수 있게 만드는 것이 뿌리의 가장 큰 역할이다.

뿌리에 관한 오해를 낳은 식물의 특성은 한 가지 더 있다. 자연스러운 상태인 경우, 사람의 몸에 치아가 나는 곳은 입 안쪽으로 정해져 있다. 어느 날 갑자기 손바닥이나 발바닥에서 치아가 자라나지는 않는다. 그러나 식물의 뿌리는 동물에 비해 훨씬 유연한 발생을 보여준다. 식물 여러 부위에서 조건만 맞으면 새로운 뿌리가 자라난다. 종자가 아닌 식물의 다른 부위에서 발생한 뿌리는 '부정근不定根'이라고 부른다. 잡초 중에는 뽑히고 잘게 잘려 땅에 떨어져도 줄기 마디에서 새 뿌리를 내리는 능력을 지닌 것들이 많다. 하지만 농민들은 이런 특성을 이용해 유용한 식물의 잎이나 줄기를 잘라 땅에 꽂아 새로운 개체를 자라게 한다. 물론 이렇게 만들어진 새로운 식물은 유전적으로 기존의 식물과 동일하다. 이러한 증식을 영양번식이라고 부르며, 꺾꽂이나 휘묻이 등이 대표적인 사례다. 사지가 다 잘려 나가도 뿌리만 잘 내릴 수 있다면 새 생명체로 다시 태어나는 식물의 특성은 놀랄 만한 것이다. 뿌리는 이렇듯 인간에게 없는 독특한 특성을 보이기 때문에 사람들에게 깊은 감명을 주었다. 그러나 어떤 배은망덕한 사람들은 뿌리의 존재를 쉽게 잊고 잎이나 열매같이 겉으로 보이는 것에 집중하곤 한다. 식물의 뿌리에 관한 어떤 교과서의 소제목은 '숨겨진 반쪽the hidden half'이다. 우리는 식물의 뿌리에 대해 조금 더 알아볼 필요가 있다.

얀 밥티스타 판 헬몬트Jan Baptista van Helmont, 1579~1644는 벨기에의 화학자로 버드나무를 5년 동안 키운 실험으로 유명하다. 나무를 키운 것으로 유명하다는 점이 당황스럽게 느껴질지 모른다. 그러나 그는 식물을 자라게 만드는 원인이 무엇인지 의문을 가지고 있었다. 세계 최초로 식물을 키운 화분을 저울에 올려볼 생각을 했다는 점에서 높게 평가받는다. 버드나무를 키울 때 그는 화분에 빗물 외에는 아무것도 공급하지 않았다. 버드나무를 키우기 전 화분의 흙보다 나무가 다 자라고 난 화분의 흙은 무게가 62g 정도 덜 나갔다. 하지만 버드나무는 쑥쑥 자라서 무게가 74kg이나 증가했다. 그는 버드나무의 무게를 늘린 것은 공급한 물이라고 생각했다. 당시에는 식물이 섭취하는 양분에 대한 지식이 아무것도 없었다. 게다가 식물이 광합성의 재료로 공기 중의 이산화탄소를 사용한다는 것을 몰랐음에도 식물 생장의 원인을 찾으려는 놀라운 시도였다.

요즘에도 물만 주면 식물이 자란다는 생각을 가진 사람들이 많다. 17세기까지 대부분의 사람들도 그렇게 생각했다. 영국의 지질학자 존 우드워드John Woodward, 1665~1728는 스피어민트에 여러 종류의 물을 주며 재배했다. 증류수와 같은 순수한 물만 공급했을 때보다 템스강의 물이나 생활 하수, 잘 가꾼 정원의 흙을 섞은 흙탕물을 공급했을 때 스피어민트가 더 잘 자랐다. 사람들은 식물이 물만 흡수하는 것이 아니라 물속에 들어 있는 다른 무언가를 흡수한다는 사실을 어렴풋하게나마 알게 되었다. 1929년 미국 캘리포니아 농업연구소의 윌리엄 게리크 William F. Gericke, 1882-1970 박사는 물탱크에 비료가 섞인 물을 채우고 토마토를 길렀다. 식물의 뿌리에 물과 양분을 적절하게 공급하면 식물을 땅에 심지 않아도 된다는 것이 분명해졌다. 그는 그리스어로 '물'을 뜻하는 hydro와 '노동'을 뜻하는 ponos를 결합해 수경 재배hydroponics라는 용어를 만들었다. 수로에서 작업한다는 뜻을 지닌 수경 재배는 토양을 이용하지 않거나 대체품을 사용해 식물의 생육에 필요한 물과 양분을 공급하면서 식물을 기르는 행위를 의미하게 되었다.

식물의 뿌리는 동물로 비유하자면 입과 위장 같은 역할

을 수행하는 기관이다. 토양 중에서 양분을 찾아 흡수하고 생명 활동을 할 수 있도록 잎과 줄기, 열매 쪽으로 보낸다. 후대의 연구자들은 식물이 생존하는 데 반드시 필요한 원소가 17가지라는 사실을 알아냈다. 수소, 탄소, 산소, 질소, 칼륨, 칼슘, 마그네슘, 인, 황, 염소, 철, 붕소, 망간, 아연, 구리, 니켈, 몰리브덴이 식물의 필수원소다. 식물에게 물만 공급해도 자라는 것처럼 보였던 이유는 공급한 물이나 뿌리가 있는 흙 속에 미량이나마 17가지의 원소가 모두 들어 있었기 때문이다. 양분이 전혀 없는 모래나 자갈에 식물을 심어도 물에 충분한 양분을 섞어 공급하면 식물을 기를 수 있다. 수경 재배 기술은 점차 발달해 여러 식물종에 필요한 양분 배합을 가진 양액(양분 용액)nutrient solution을 개발하게 되었다. 1950년대부터는 세계 각국에서 상업적인 수경 재배가 시작되었다. 사람들은 흙에서 식물을 기르는 토경 재배 방식보다 수경 재배가 여러 장점을 갖는다는 사실을 알게 되었다.

식물은 광합성을 통해 이산화탄소를 탄수화물로 고정시킨다. 이산화탄소 한 분자를 고정하는 동안 여러모로 식물은 70개 정도의 물 분자가 필요하다. 이 외에도 식물의 생명 활동에는 많은 양의 물이 필요하다. 하지만 비가 내리지 않으면 밭에서 자라는 식물은 물이 부족한 상태가 된다. 메마른 환경에 처한 식물은 체내의 물을 잃지 않기 위해 기공을 닫는다. 기공이 닫히면 공기 중의 이산화탄소 공급이 줄어들어 광합성의 재료가 부족해진다. 수경 재배를 하면 물이 부족해지는 일이 거의 없기 때문에 항상 기공이 열려 있어 이산화탄소 공급이 원활하다. 수경 재배로 키운 토마토는 땅에 심은 것보다 20% 이상 수확량이 증가한다. 공급한 물이 어디로 흘러 나갈지 모르는 토경 재배 방식에 비해 수경 재배는 물과 양분을 식물에 정밀하게 공급해 자원을 효율적으로 사용할 수 있다. 일정하게

수경 재배로 오이를 재배하는 모습

물과 양분을 공급받은 식물은 빠르고 일정하게 자라며, 수확량이 더 많다. 토양에는 많은 병원균과 잡초 씨앗들도 들어 있다. 토경 재배를 할 때는 토양 전염성 균이 식물에게 피해를 입힐 염려가 많고, 잡초를 뽑는 데 많은 노동력이 필요하다. 농민 입장에서는 많은 소득을 올리려면 수경 재배가 유리하다.

우리나라에서도 1954년 중앙농업기술원에 수경 재배용 온실이 만들어졌다. 하지만 한국전쟁 이후 혼란한 시기를 겪으며 한동안 연구와 보급이 제대로 이루어지지 않았다. 대부분의 농민은 이전에 하던 대로 토경 재배로 작물을 길렀다. 1990년대 우루과이라운드협상이 타결되면서 농민들은 위기감을 느꼈다. 위기를 기회로 바꾸고자 하는 농민들은 고품질 농산물을 생산해 수입산에 맞서겠다는 정공법을 택했다. 이런 농민들에게 작물의 생육을 관리하기 좋은 수경 재배 방식이 들불처럼 퍼져 나갔다. 1990년 8.2ha 정도였던 수경 재배 면적은 2020년에 4,000ha를 넘어섰다. 가격이 비싼 과채류인 딸기와 토마토, 파프리카는 거의 대부분 수경 재배 방식으로 생산한다. 물론 수경 재배를 하려면 고가의 시설을 설치해야 하므로 초기 투자 비용이 높아진다. 게다가 정밀한 양액 관리 기술이 필요하기 때문에 농민이 수경 재배의 원리를 배워야 한다. 이런 높은 비용과 지식 요구도가 수경 재배의 진입장벽으로 작용하고 있지만, 더 나은 수익을 기대하는 농민들은 수경 재배에 도전하고 있다.

2011년 3월 이웃 나라 일본에서는 안타까운 사건이 일어났다. 미야기현 센다이시에서 70km 정도 떨어진 해저에서 일본 지진 관측 역사상 최고 규모인 M 9.1의 지진이 발생한 것이다. '동일본 대지진' 또는 '도호쿠 지방 태평양 해역 지진'으로 불리는 이 사건은 체르노빌 이후 인류 역사상 두 번째로 맞이하는 7등급 원자력 사고로 이어졌다. 지진의 여파로 높이 15m에 달하는 쓰나미가 후쿠시마 원자력발전소를 덮쳤다. 침수된 원자로는 기능을 상실했고, 연이어 폭발이 일어나 격납 용기 외부로 방사능이 유출되었다. 12년이 지난 지금까지도 원자로의 노심은 냉각되지 않았고, 계속해서 소량의 방사선 낙진이 뿜어져 나오고 있다. 방사능은 후쿠시마 주변은 물론 도쿄까지 피해를 입히고 있다. 가장 심각한 문제는 이 지역의 오염된 토양에서 생산된 쌀이 방사능을 축적하게 된 것이다. 국제사회는 후쿠시마 농산물에 대해 크게 우려하고 있다. 피해 지역에서는 오염된 토양에서 작물을 재배하지 않도록 권고하고 있으며, 수경 재배를 통해 안전한 농산물을 생산하도록 하고 있다. 토양이 오염되었다고 해도 그 위에 토양을 대체할 재료를 사용하거나 양액만으로 작물을 기를 수 있기 때문이다. 수경 재배 기술은 작물 재배가 불가능한 지역에서도 유용하게 쓰일 수 있다.

## 수직 농장의 등장

2010년 9월 캐나다의 게임 제작자 시드니 마이어Sidney K. Meier, 1954~가 신작을 발표했다. 마이어는 게임 〈시드 마이어의 문명Sid Meier's Civilization〉 시리즈를 탄생시킨 개발자로, 시뮬레이션 게임의 신드롬을 일으켰다. 그는 게임을 흥미로운 선택의 연속이라 말한다. 그의 게임 속에서 유저는 문명을 개척하고 발전시키며 정복자의 꿈을 꿀 수도 있다. 그렇지 않아도 강렬한 중독성으로 유명한 시리즈였지만, 〈문명 5〉가 세상에 나왔을 때는 일종의 신드롬을 일으켰다. 이전 작에서 복잡했던 게임의 시스템을 간소화하면서 유저들의 진입장벽이 낮아진 것이 신규 유저 유입의 핵심 근거로 꼽히고 있다. 〈문명〉 시리즈는 자신의 문명을 선택해 다른 문명과 경쟁하는 턴제 전략 시뮬레이션 게임이다. 유저는 기원전 5000년경부터 21세기 우주 개발 시대까지 전 인류의 역사를 경험하며 자신의 문명을 발전시켜 나간다. 게임 승리를 위해서는 다른 문명의 수도를 점령하거나, 과학기술을 발전시켜 우주선을 발사하거나, UN에서 외교 승리 투표에 성공하거나, 일정 수준 이상의 문화 수치를 확보해야 한다. 한 게임이 끝나면 완전히 새로운 게임을 시작할 수 있다. 〈문명〉 시리즈에는 정치, 경제, 사회, 문화, 군사 등의 다양한 주제가 녹아 있어 교육적 효과도 뛰어나다고 평가받는다.

〈문명〉에서도 농업과 식량 생산은 중요한 시스템으로 다뤄지고 있다. 시민을 도시 반경 내의 타일에 배치하면 식량 등을 생산할 수 있다. 시민은 매 턴에 식량을 2포인트씩 소모하며 남은 식량이 일정 수치를 넘기면 새로운 시민이 만들어진다. 만약 식량이 충분하지 않다면 기아 상태가 되어 시민이 점점 줄어든다. 농업에 신경을 쓰지 않으면 행복 지수가 감소한다. 이때, 우리가 눈여겨보아야 할 것은 농업이 이루어지는 모습이다. 문명이 발달하고 미래 시대에 접어들어 도시에 마천루가 빼곡하게 들어서도, 농업에 종사하는 사람의 모습은 크게 변하지 않는다. 옷차림이 조금 바뀔 수는 있지만 문명 발달의 어느 시점에서나 농민들은 밭을 일구고 씨앗을 뿌린다. 우리는 역사를 거치며 농업과 함께했지만 어떤 차원의 존재를 망각하고 있다.

인류는 농사를 짓기 위해 평평한 땅에서 긴 세월을 보냈다. 이제 인류는 잊고 지냈던 수직 방향으로 농업의 범위를 확장하려고 한다. 수직 방향으로 토지를 여러 층 쌓겠다는 개념은 1909년 잡지 《라이프》에 앨런슨 워커Alanson Burton Walker, 1878~1947가 만화를 그려 제안한 것이 최초라고 알려져 있다. 네덜란드의 유명한 건축가 렘 콜하스Remment Lucas Koolhaas, 1944~는 앨런슨 워커의 그림을 책에 실어 널리 알렸다. 문제는 개념의 제안만 이루어졌을 뿐 실제 농업을 수행할 수 있는 기술에 관

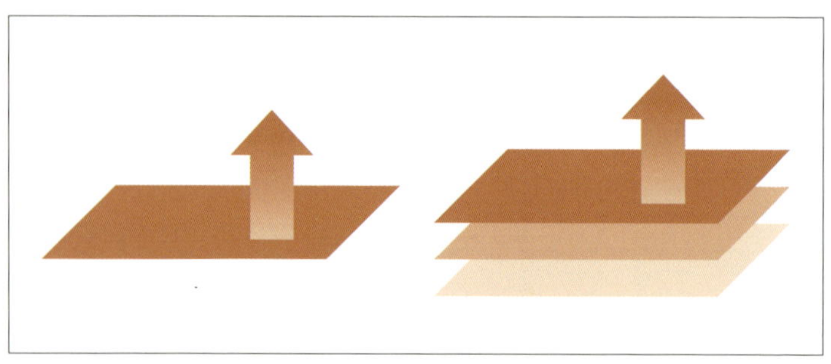

농업이 잊고 지냈던 어떤 차원

해서는 논의하지 않았다는 것이다. 1915년 미국의 지질학자 길버트 베일리Gilbert Ellis Bailey, 1852~1924는 자신의 저서 『수직 농업Vertical Farming』에서 처음으로 수직 방향에 집중하는 농업의 의미를 언급했다. 그는 토양의 관리 측면에서 수직 방향에 집중해야 한다는 사실을 강조했다. 쟁기질과 같이 수직 방향으로 토양을 교란하는 기술은 토양 입자의 표면적을 넓혀 농업 생산성을 향상시킬 수 있다고 보았다. 조금 더 나아가 쟁기와 같은 농기구 대신 폭발물을 이용해 토양을 교란시킬 필요가 있다고 주장했다. 그는 지금보다 더 깊은 지하에서 농사를 지을 수 있기를 희망했다. 수직 방향의 농업이기는 했지만, 위쪽이 아닌 아래쪽 방향으로의 농업을 꿈꾼 것이다. 결국 그의 저서에서 여러 층으로 토지를 쌓는 개념은 등장하지 않았다.

20세기에 들어 현대적인 의미의 수직 농장은 1951년 아

블레이크 쿠라섹Blake Kurasek이 그린 수직 농장 콘셉트 아트

르메니아에 지어졌다. 그러나 우주 탐사에 쓰일 수 있다는 가능성만 종종 언급되었을 뿐, 작동 원리가 정립된 바는 없었다. 1991년 미국 컬럼비아대학교의 딕슨 데스포미어Dickson Despommier, 1940~ 교수는 대학원 수업에서 학생들과 토론을 하고 있었다. 토론 주제는 농산물의 운송 과정에서 발생하는 탄소를 줄일 수 있는 방법이었다. 그가 학생들에게 내놓은 과제는 한 건물의 옥상에서 작물을 재배해 맨해튼의 많은 인구에게 먹일 수 있는지 계산해 보라는 것이었다. 그러나 계산 결과 전체 인구의 2% 정도의 사람들에게 공급할 농산물밖에 생산되지 않

았다. 9년 가까운 시간이 지나 데스포미어 교수는 30층 정도 되는 건물의 모든 층을 사용해야 5만 명이 먹을 농산물을 생산할 수 있다는 결론을 내렸다. 하지만 이 멋진 아이디어를 현실로 끌어내려면 인공조명과 수경 재배 시스템을 필수적으로 개발해야 했다. 게다가 초기 아이디어에는 수직 농장에서 재배하기에 적절하지 않은 여러 작물이 계획에 들어 있었다.

이런 어려움에도 수경 재배 기술과 조명 기술의 결합은 마침내 연구용 또는 상업용 수직 농장을 탄생시켰다. 일본은 1974년대 히타치 중앙연구소에서 최초의 연구용 수직 농장을 운영하기 시작했다. 연구용 수직 농장은 내부의 광光과 온도,

핀란드 iFarm의 수직 농장 전경

이산화탄소 농도 등의 환경을 조절해 엽채류의 생육 속도를 최대한 끌어올리는 것이 목표였다. 이후 여러 민간 단체가 주도적으로 수직 농장의 발전을 이끌어 냈다. 대만은 일본보다 조금 늦은 시기에 연구를 시작했지만, 민간 단체의 비즈니스 모델이 안착해 산업화에 성공했다. 유럽과 미국에서도 1970년대 연구용 수직 농장이 운영되기 시작했다. 초기의 목적은 핵잠수함 등에서 채소를 생산하는 군사 용도였다. 하지만 초기에는 생산성이 나빠 운영이 중단된 사례가 많았다. 이후 미국에서는 2010년대에 들어 거대한 수직 농장이 상업적인 용도로 운영되기 시작했다. 채소가 빼곡하게 채워진 타워에서는 제곱미터당 생산량이 일반적인 노지의 400배를 넘어서기 시작했다. 우리나라에서도 1990년대부터 연구용 수직 농장이 운영되었지만, 상업용 수직 농장은 2010년에 최초로 설립되었다. 이후에는 우리나라를 비롯해 미국, 일본, 중국, 아랍에미리트, 인도, 영국, 프랑스 등 세계 각국이 수직 농장을 짓는 데 열을 올렸다. 그러나 많은 기업이 수직 농장에서 소모되는 에너지 비용을 감당하지 못하고 사업을 축소하거나 철수하기 시작했다. 수직 농장은 일반적으로 인류가 행해왔던 농업 방식과 다른 점이 많았다.

## 수직 농장 내부 환경의 특성

기존의 농업 방식과 수직 농장의 가장 두드러진 차이는 수직 농장에서 태양광을 이용하지 않는다는 것이다. 수직 농장은 좁은 면적에서 많은 작물을 생산하는 것을 목표로 하기 때문에 수직으로 쌓은 재배 장치를 이용한다. 어떤 작물을 재배하는지에 따라 다르지만, 엽채류의 경우 높이가 50cm 정도인 재배단을 최대 20단까지 사용한다. 이렇게 여러 단으로 식물을 재배할 때는 맨 위에 놓인 식물 외에는 태양광을 받기가 곤란하다. 결국 식물의 바로 위에 빛을 공급할 조명 장치가 설치되어야 한다. 수직 농장에서는 초기에 백열등이나 형광등으로 조명을 시도했다. 여러 단을 적재하지 않던 초기의 수직 농장은 내부에 고압으로 나트륨 증기를 채운 고압 나트륨등high pressure sodium lamp을 사용했다. 고압 나트륨등이 내는 빛의 파장은 태양광과 유사해 작물의 생육이 좋았다. 그러나 조명의 크기가 너무 커서 재배단을 여러 층으로 쌓기가 어려웠고, 발열이 심해 작물 윗부분이 열에 타버리는 문제가 발생했다. 이후 발열이 거의 없고 여러 층으로 쌓기에 적절한 형태인 형광등이 수직 농장용 조명으로 각광받았다.

어떤 회로에 전기가 흐를 때 빛이 발생하는 전기 발광 현상은 1907년에 처음으로 발견되었다. 이후 각국의 많은 연구

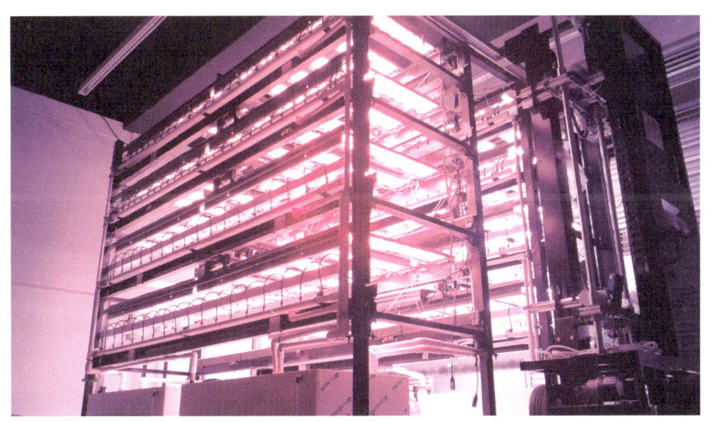

적색과 청색 LED를 사용하는 수직 농장 조명의 사례

자가 반도체소자를 이용해 빛을 내는 LED를 개발했다. LED는 반도체소자를 투명한 에폭시 재질의 수지로 덮는 구조를 보인다. 반도체소자는 내부에 전자가 머무를 수 있는 구멍인 정공을 가진 p형 반도체와 전자를 많이 가지고 있는 n형 반도체를 붙여서 만든다. 전기를 회로에 흐르게 하면 n형 반도체에 있던 전자가 p형 반도체의 정공과 만나 에너지를 방출하며, 이 방출된 에너지가 우리 눈에는 빛으로 보인다. LED 기술은 급속한 발전을 이루었고, 적색, 녹색, 청색 빛을 내는 LED가 차례로 개발되었다. LED는 사용하는 반도체의 종류에 따라 특정한 색의 빛만 방출할 수 있다.

식물의 잎이 광합성을 할 수 있는 것은 내부에 빛을 받아들여 에너지로 저장할 수 있는 능력을 가진 엽록체가 있기 때문이다. 엽록체의 내부에는 여러 색의 빛을 흡수할 수 있는 색소들이 들어 있다. 대표적인 식물 색소는 엽록소 a와 b, 카로티노이드 등이다. 이 색소들은 적색과 청색 파장의 빛을 잘 흡수하는 성질을 가지고 있다. 식물의 잎이 적색과 청색을 흡수해 광합성에 사용하고 나면, 남은 녹색의 빛은 반사되어 우리 눈에 들어온다. 잎에 들어 있는 색소의 특성 때문에 식물의 잎이 녹색으로 보이는 것이다. 이러한 광합성의 특성을 고려해 수직 농장에서는 적색과 청색 LED만 사용해 작물을 길러 낸다. 간혹 수직 농장에서 보라색 조명을 사용하는 것을 볼 수 있다. 그러나 단색의 LED는 조명으로 사용하기에 불편한 점이 있었다. 수직 농장에서 작업하는 사람의 눈에는 보라색 빛이 너무 어둡게 느껴지고, 식물의 색을 알아보기 어려웠던 것이다. 사람의 눈에 들어 있는 로돕신 색소는 황색 파장의 빛에 더 민감하게 반응한다. 수직 농장에서는 작업자의 편의를 위해 태양광이나 형광등에서 나오는 황백색의 빛이 필요한 경우가 많았다. 백색 파장의 빛을 내는 LED는 고효율의 청색 LED가 개발된 이후에 만들어졌다. LED의 발광 부위 주변에 청색 빛을 흡수한 뒤 백색 빛을 내뿜는 형광 물질을 칠하는 방식으로 백색 LED가 개발되었다. 이러한 형광물질은 대부분 무기화합물로 수십 마이크로미터[μm] 정도의 작은 지름을 갖는 분말 입자로 되어 있다.

이후에도 LED는 조명업계에 혁신적인 변화를 가져왔다. 전기 소모량이 많고 필라멘트의 수명이 짧은 백열전구나 내부에 유해한 증기가 들어가는 형광등과 할로겐 전등을 LED가 모조리 대체해 버린 것이다. 2008년 이후로 저효율 등기구의 대표격인 백열전구는 정부의 판매 금지 정책에 따라 수입과 판매가 점차 중단되었다. 그동안 LED는 가격이 점점 낮아졌고, 어떤 조명에 비해서도 전기 이용 효율은 높아졌다. 요즘에는 모니터나 스마트폰 화면에도 모두 LED가 사용되고 있어 21세기를 대표하는 기술 중 하나가 되었다. LED는 농업 분야에서도 마찬가지로 식물 생장용 조명으로 활발하게 사용되고 있다.

수직 농장의 다단식 구조는 수경 재배 기술에도 많은 변화를 불러일으켰다. 온실에서 과채류를 재배하는 목적으로 토양을 대체할 여러 배지를 사용하고 있다. 배지는 토양 대신 식물의 뿌리를 지지하고 양분과 수분을 공급할 수 있는 여러 물질을 말한다. 모래나 자갈 같은 자연 상태에서 구할 수 있는 무기물부터 코코넛 껍질과 늪지대에 쌓인 이탄(피트모스)peatmoss 등의 유기물까지 배지로 쓰인다. 배지는 주로 광물을 고온과 고압에서 팽창시키거나 솜사탕처럼 길게 늘여 섬유화한 것을 사용한다. 과채류는 보통 줄기가 길게 자라기 때문에 다단식 재배를 하지 않고, 열매를 맺어야 하기 때문에 양분을 충분히 공급하는 것이 중요하다. 이런 이유에서 대부분의 수경 재배 온실은 고체로 된 배지를 사용하고 있다.

그러나 주로 엽채류를 재배하는 수직 농장에서는 고체로 된 배지를 사용하기 어렵다. 다단식으로 배지를 쌓으면 그 무게가 상당하기 때문에 버티기 위한 철골 구조물이 대량으로 들어가야 한다. 또한 식물의 뿌리를 물에 완전히 담가두는 방식도 적절하지 않다. 물컵에 물을 담고 그 위에 양파를 올려두면 잘 자라는 걸 본 적이 있을 것이다. 이렇게 식물의 뿌리를 물속에 담가두는 방식을 담액수경Deep Flow Technique, DFT이라고 부른다. 담액수경은 만들기가 쉽고 식물 뿌리 근처에 수분이 많아 온도나 산성도의 변화가 적다는 특징이 있다. 그러나 순수한 물 1L는 1kg의 무게를 갖는다는 점을 명심해야 한다. 물을 다단식 재배 장치에 가득 담아두려면 상당한 중량을 견뎌야 한다. 게다가 담액수경을 시도할 때 뿌리가 호흡할 산소가 부족해져 제대로 자라지 않는 식물도 많다. 일반적인 토양이나 고체 배지에서는 뿌리가 호흡할 공기를 충분히 공급받을 수 있는 반면, 담액수경은 뿌리 호흡에 문제가 생기기 쉽다.

1965년 영국 리틀햄프턴에 위치한 온실 작물 연구소에서 일하던 앨런 쿠퍼Allen Cooper 박사는 담액수경의 단점을 해결하기 위한 새로운 시스템을 고안했다. 중요한 조건은 식물의 뿌리가 호흡할 수 있도록 공기 중에 노출되어야 하며, 그러는 중에도 수분 공급이 원활해야 한다는 것이다. 식물은 표면적을 넓혀 수분을 만날 확률을 높이기 위해 뿌리 끝부분에 뿌리털을 만든다. 동물의 폐에서 기체 교환을 위해 작은 폐포를 잔뜩 만드는 것이나, 장에서 영양분 흡수를 위해 융털을 만드는 것과 동일한 원리다. 식물은 대부분의 수분을 뿌리 끝부분 바로 위쪽에 위치한 뿌리털 주변에서 흡수한다. 오히려 뿌리의 제일 끝부분에 위치한 생장점과 뿌리털이 난 위쪽의 목질화된 부분은 수분 흡수 효율이 낮다. 쿠퍼 박사는 이런 식물 뿌리의 특성에 착안해 얕게 흐르는 물줄기에 뿌리의 끝부분만 담그는 방식을 개발했다. 박막수경Nutrient Film Technique, NFT이라고 불리는 이 방식은 양액을 얇은 막처럼 흐르게 만든다는 것이다. 이 방식으로 작물을 재배하면 담액수경에 비해 필요한 물의 양이 현격

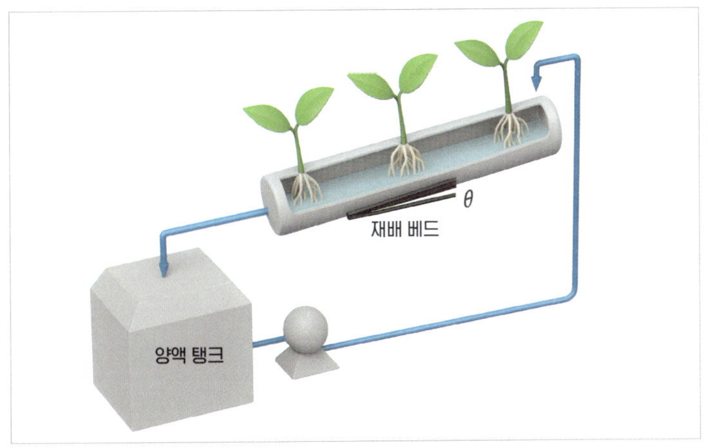


박막수경 장치 모식도

하게 줄어든다. 게다가 뿌리는 대부분 공기 중에 놓여 있어 호흡에도 아무런 문제가 없다. 박막수경에서는 물이 흐를 수 있는 홈통을 설치하고 미세한 기울기를 만들어 물이 흐르게 하는 구조를 채택하고 있다. 이 구조는 만드는 데 많은 비용이 들어가지 않고 구조물의 무게도 적어 자재가 많이 필요하지 않다. 이런 여러 장점 덕분에 현대적인 수직 농장에서는 대부분 박막수경 방식을 이용하고 있다.

박막수경 장치를 여러 층으로 쌓아 올리는 형태가 가장 널리 알려진 수직 농장의 구조다. 이 외에도 수직 방향으로 작물을 재배할 수 있는 몇 가지 수경 재배 방식들이 고안되었다. 그 중 박막수경 다음으로 많이 사용되는 것은 분무수경aeroponics이다. 분무수경은 박막수경과 마찬가지로 담액수경에서 발생하는 뿌리의 호흡 문제를 해결하기 위해 개발되었다. 분무수경 방식으로 작물을 재배하면 뿌리의 전부 또는 일부가 물에 잠겨 있지 않고 모두 공중에 떠 있는다. 뿌리가 놓여 있는 공간을 밀봉하고 내부에 노즐을 이용해 미세한 양액 방울을 만들어 뿌린다. 분무수경 방식은 삼각형으로 세워진 판에 작물을 기르거나, 원통형으로 세워진 판의 바깥에 작물을 심고 뿌리가 원통 안쪽으로 가도록 만든다. 수직 방향으로 식물을 배치할 수 있는 구조로 되어 있기 때문에 좁은 공간에서도 많은 식물을 심을 수 있다는 장점이 있다. 그러나 박막수경과 분무수경에도

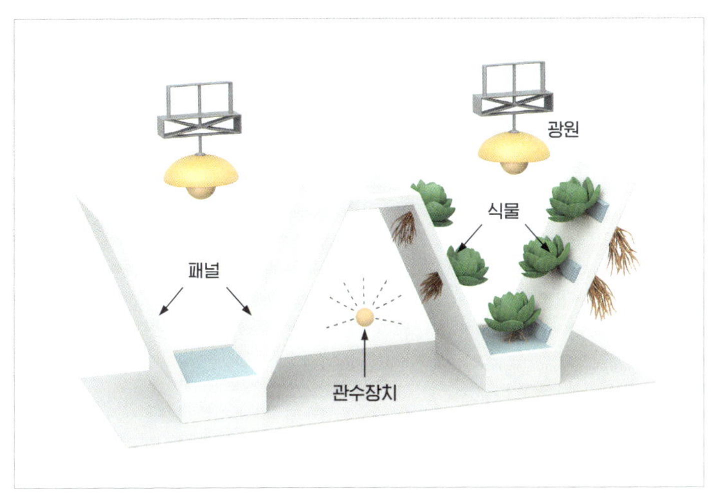


분무수경 장치 모식도

몇 가지 단점이 있다. 공통적으로는 정전으로 펌프나 분무기가 정지했을 때 식물의 뿌리가 더 이상 양액을 공급받지 못해 시들어 버릴 우려가 있다는 점이다. 보통 수직 농장을 운영하는 농가에서는 비상 발전기 등을 이용해 문제를 해결한다. 분무수경에서는 노즐이 막히는 경우가 많이 발생하고, 특이한 구조 탓에 누수가 일어나는 경우가 많다. 이러한 이유로 대부분의 수직 농장은 박막수경 방식을 채택하고 있다.

수직 농장은 다단식 재배 장치 외에도 다른 구조적 특성을 갖는다. 대부분의 수직 농장은 외부 기상 환경의 변화에 영향을 받지 않기 위해 밀폐성이 높은 구조로 되어 있다. 벽면에는 두꺼운 단열재가 쓰이고, 내부 기온을 인위적으로 조절한다. 외부와 완전히 격리된 수직 농장 내부에서는 바깥 날씨가 맑든, 비가 오든, 눈이 오든 온도가 항상 일정하게 유지된다. 밀폐성이 높은 경우에는 외부에서 들어오는 병원균이나 해충도 막을 수 있다. 대부분의 수직 농장은 작업자가 출입할 때 에어샤워로 유해한 물질이나 해충을 제거하고 내부로 들어가게 되어 있다. 철저하게 관리된 수직 농장에서는 인체에 유해한 농약을 사용하지 않고도 작물을 깨끗하게 길러 낼 수 있다. 특수한 밀폐 소재를 사용하는 경우에는 앞서 언급한 방사능 오염 지역에서도 청정한 농산물을 생산할 수 있다. 실제로 일본에서는 동일본 대지진 이후 수직 농장 기술에 대한 관심이 급속도로 늘어났다. 수직 농장 내부의 환경을 일정하게 유지하거나 인위적으로 정한 주기에 따라 변화하게 만드는 방법에는 여러 가지 장치가 쓰인다.

수직 농장 내부의 온도와 습도를 조절하는 데는 공기조화(공조)air conditioning 장치가 사용된다. 공조 장치는 수직 농장 내부의 온도와 습도 외에도 기류 속도, 기체 농도, 오염물질 농도 등을 조절하는 부가적인 역할까지 수행한다. LED 등의 인공광을 이용하는 수직 농장은 조명을 켜두면 열이 발생한다. 공조를 통해 온도를 조절하지 않으면 내부 요인에 의해 기온이 오르게 된다. 또한 아무리 단열에 신경 쓰더라도 외부 요인을 무시할 수는 없다. 외부 기온이 낮은 겨울이라면 난방을 해야 하고, 외부 기온이 높은 여름이라면 냉방을 해야 한다.

작물의 생산성은 광합성을 통해 얼마나 많은 양의 탄수화물을 만들어 체내에 축적할 수 있는지 여부에 좌우된다. 일반적인 온실에서 과채류를 재배할 때 합리적인 온도 관리를 위한 모델이 제안된다. 먼저 해가 뜨기 직전에 온도를 미리 조금 높여준다. 작물은 높아진 온도에서 광합성을 준비할 수 있는 시간을 갖는다. 이후 해가 뜨고 작물에 태양광이 비칠 때는 온실 내부의 과도한 온도 상승을 막기 위해 환기를 통해 광합성에 적당한 온도를 유지시킨다. 해가 지고 나면 온도가 자연스럽게 내려가지만, 잎에서 만들어진 탄수화물이 열매로 이동할 수 있도록 온도를 약간 높여준다. 잎에서 만들어진 탄수화물이 열매나 뿌리 쪽 저장 기관으로 이동하는 것을 전류translocation라고 부른다. 자정 전후로 전류가 끝났다고 판단되면, 작물의 호흡으로 탄수화물이 불필요하게 소모되는 것을 막기 위해 온도를 약간 낮춰준다. 온실에서 이러한 방식으로 온도를 관리해 주면 과채류의 생산성을 높일 수 있다. 그러나 수직 농장에서는 주로 엽채류를 기르기 때문에 전류를 크게 고려할 필요가 없다. LED 조명이 켜져 있는 기간에는 광합성에 적합한 온도를 맞춰주고, LED가 꺼지고 나면 호흡을 억제할 수 있는 온도로 내려주면 된다. 상업용 수직 농장에서는 온도를 항상 일정하게

수직 농장의 온도 제어를 위해 사용되는 히트 펌프의 실외기

유지하기보다는 이러한 근거를 들어 밤과 낮의 온도를 다르게 운영한다.

따라서 수직 농장에는 적극적으로 온도를 제어하기 위한 냉난방 장치가 설치된다. 냉방을 위해 쓰이는 냉각기는 냉장고에 달린 냉각기와 유사한 원리로 작동한다. 냉매의 증발 과정에서 열을 빼앗고, 다른 공간에 열을 이동시켜 압축하면서 열을 빼내는 것이다. 냉매 없이 물을 흡수할 수 있는 물질을 사용하는 흡수식 냉동기는 전기 사용량을 줄일 수 있다. 그러나 최근 수직 농장에서는 동적으로 냉방과 난방의 작동 방식을 변경하기 위해 히트 펌프가 널리 사용되고 있다. 열을 한쪽으로 펌프와 같이 옮길 수 있다는 의미에서 '히트 펌프heat pump'라는 이름이 붙었다. 사무실이나 집에 설치되어 있는 냉난방 겸용 장치들이 히트 펌프의 한 사례다. 생활공간에 설치된 히트펌프는 실내기와 실외기로 구성되어 있다. 실내기는 냉방이나 난방 운전 설정치에 따라 온도가 조절된 공기를 토출하고, 실외기는 이 과정에서 발생하는 열을 처리하거나 공급한다. 이러한 히트펌프에 가습과 제습, 공기 정화 기능 등이 탑재되면 '공기조화기'라는 이름이 붙는다.

수직 농장은 좁은 공간 안에 많은 작물을 심기 때문에 작물의 증산작용에 따라 공기 중으로 많은 수분이 공급된다. 공기 중에 공급된 수분은 습도를 높인다. 상대습도가 너무 높으면 식물은 제대로 증산할 수 없기 때문에 생육이 느려지고 여러 생리 장해가 발생한다. 높은 증산 속도를 확보하기 위해 수직 농장에서는 적극적으로 제습을 한다. 히트 펌프를 사용하면 냉방 시에 냉각 코일 주변에 수증기가 응결되어 제습이 함께 일어난다. 응결된 물은 따로 모아서 작물 재배에 활용할 수 있다. 반대로 난방 시에는 온도 증가에 따라 상대습도가 하락한다. 냉난방으로 충분히 제습이 되지 않는 경우 수직 농장 내부에 따로 제습기를 설치한다. 반대로 수직 농장에 작물을 심은 지 얼마 지나지 않아 증산작용이 활발하지 않을 때는 가습할 필요가 있지만, 그 기간이 길지는 않다.

온실에 비해 수직 농장은 밀폐된 정도가 높기 때문에 이산

수직 농장에 이산화탄소를 공급하기 위한 액화 이산화탄소 저장 탱크

화탄소 시비의 효과를 크게 볼 수 있다. 수직 농장에서 과채류를 재배하고자 하는 경우에는 거의 대부분 이산화탄소를 시비할 수 있는 장치를 설치한다. 온실에서는 환기가 흔히 일어나기 때문에 연료를 연소시켜 이산화탄소를 만드는 방식도 자주 쓰이지만, 수직 농장에서는 대부분 액화 이산화탄소를 기화시켜 공급하는 방식을 사용하고 있다. 이산화탄소는 순도와 불순물 함량, 사용 목적에 따라 공업용이나 의료용, 식음료용 등으로 구분한다. 식음료용 이산화탄소는 주로 탄산수나 탄산음료를 제조하거나 맥주의 거품을 내는 데 쓰인다. 인체와 관련 있기 때문에 식음료용 이산화탄소에는 에틸렌과 같은 다른 기체

가 적게 섞여 있다. 만약 수직 농장에 에틸렌이 섞인 공업용 이산화탄소를 시비하면 식물 노화와 관련된 호르몬인 에틸렌의 효과로 식물에 생리 장해가 일어날 수 있다.

수직 농장은 다단으로 식물을 재배하기 때문에 내부에 적절한 공기의 흐름이 만들어지기 어렵다. 공기의 흐름, 즉 기류는 수직 농장의 각 위치에 온도와 습도, 이산화탄소 농도 분포를 균일하게 만드는 데 매우 중요하다. 만약 맨 위층과 맨 아래층에 서로 다른 기류가 형성되면, 작물도 영향을 받아 서로 다른 속도로 자란다. 균일하게 작물을 생산하려는 수직 농장의 목적에 맞지 않는 것이다. 최근 수직 농장에서는 컴퓨터 본체에 들어 있는 것과 유사한 저소음 환기팬을 작물 근처에 두는 경우가 많다. 환기팬은 LED에서 발생한 열과, 작물에서 증산작용을 통해 발생한 수증기를 효과적으로 분산시킨다. 전체적인 수직 농장 내부의 공기 균일성을 위해 공기조화기의 흡기구와 배기구를 서로 마주 보게 설치하고, 내부에 환기팬을 작동시켜 공기를 순환시키고 섞어주는 기술이 중요하다.

## 수직 농장의 운영

우리나라에서는 2010년 최초의 상업용 수직 농장이 설치된 후 현재까지 30~40개의 수직 농장이 운영되고 있다. 수직 농장

산업을 구성하는 업체는 주로 수직 농장의 시스템을 설계하고 시공하는 기업과, 수직 농장을 운영하고 작물을 생산해 판매하는 기업으로 나눌 수 있다. 수직 농장을 운영하는 기업은 대부분 1,000~1,500$m^2$ 수준의 면적에 수직 농장을 운영하고 있으며, 해외의 사례에 비하면 작은 편이다. 그러나 대부분의 수직 농장 기업은 수직 농장의 건설과 운영 비용이 상당히 많이 소모된다고 말한다. 수직 농장은 생산성을 최대한 높이기 위해 광光, 온도, 습도, 이산화탄소 농도 등 내부 환경을 정밀하게 제어하고, 그러기 위해 조명, 냉난방, 제습, 이산화탄소 시비 장치 등을 적극적으로 운영한다. 이러한 장비들은 수직 농장의 운영비 중 30% 수준을 에너지 비용으로 지출하게 만든다. 미국 유타주립대학교의 브루스 버그비Bruce Bugbee 교수는 데스포미어 교수가 제안한 수직 농장 개념이 장점이 없는 것은 아니지만 운영 비용 측면의 문제가 심각하기에 낙관적으로 바라볼 수만은 없다고 비판했다. 그는 아무리 수직 농장의 생산성이 좋아져도 무료로 하늘에서 쏟아지는 태양광의 효율을 이길 수는 없다고 생각한다.

수직 농장 내부의 에너지 사용 패턴은 태양광을 사용하지 않기 때문에 온실보다는 오히려 사람들이 생활하는 건물의 에너지 사용 패턴과 유사하다. 실내에 존재하는 환경 조절의 대상(사람 또는 작물)만 다를 뿐, 조명, 냉난방, 제습 등의 장치는 동일하게 설치되기 때문이다. 그러나 건물과 수직 농장을 자세히 살펴보면 시간에 따라 에너지의 사용 패턴이 다르다. 업무용 건물은 사람이 출근해 사용하는 근무시간에 에너지 사용량이 높고, 주거용 건물은 근무시간 이외의 시간에 에너지 사용량이 높다. 주거용 건물은 간혹 토요일과 일요일이 되면 에너지 사용량이 높아지기도 한다. 그러나 동물과 식물의 가장 큰 차이인 이동 능력의 유무 때문에 수직 농장의 에너지 사용 패턴은 일반적인 건물과 달라진다. 수직 농장은 항상 내부에 식물이 들어가 있어 밤낮 또는 요일에 관계없이 에너지를 소모한다. 건물에서는 사람이 있는지 없는지에 따라 에너지를 제어하는 기준이 달라진다. 일부의 빛은 자연광으로 보충하고 습도와 이산화탄소 농도는 주로 환기를 통해 관리한다. 반면, 수직 농장은 작물 재배를 위해 항상 에너지를 제어한다. 이산화탄소는

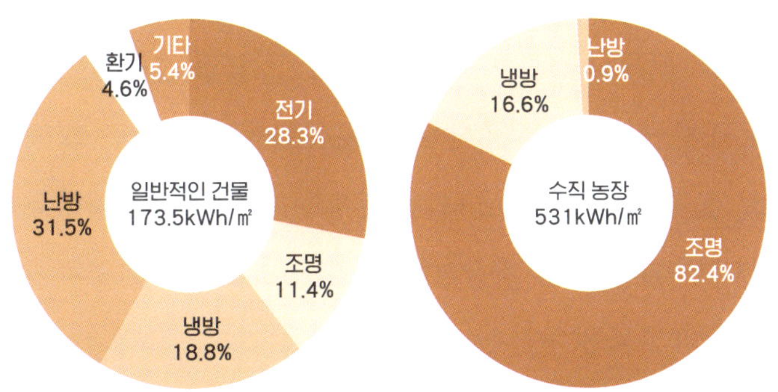

일반적인 건물과 수직 농장의 연간 평균 에너지 사용량 비교

건물에서는 제거해야 할 대상이지만, 식물에게는 오히려 공급해야 하는 대상이다. 사용량으로 비교해 보면, 건물은 난방, 냉방, 조명 순으로 많은 에너지를 사용하고 있지만, 수직 농장은 조명에 압도적인 양의 에너지를 사용하고, 그다음은 냉방, 난방 순으로 에너지를 사용한다.

에너지 사용량에 가장 큰 영향을 미치는 것은 역시 식물에 빛을 인공적으로 공급하려는 조명이다. LED 조명의 수가 일반적인 건물과 유사한 수준이라면 큰 문제가 되지 않겠지만, 수직 농장에서는 다단식 재배 장치에 수많은 LED가 들어가기 때문에 문제가 커진다. 수직 농장에서는 조명의 광 이용 효율을 향상시키기 위해 여러 가지 방법을 강구하고 있다. 먼저 LED 자체의 성능을 끌어올려 열에너지로 빠져나가는 양을 줄이고 빛을 더 많이 발생시키게 만든다. 이러한 방식은 LED 구조나 재료, 조명 제어 회로의 설계를 다듬는 방식으로 진행된다. 두 번째로 조명 기구의 광학적 효율을 높이는 방식이다. 형광등이나 할로겐등과 달리 수직 농장용 LED는 빛을 모든 방향으로 내보내지 않는다. 일반적인 수직 농장용 LED는 전방 120도 각도로 빛을 퍼지게 한다. LED를 설치할 때 이 점을 고려해 배치하면 광 이용 효율을 향상시킬 수 있다. 세 번째로 조명과 재배 시스템의 효율을 향상시키는 방식이다. 수직 농장에서 재배되는 작물을 기준으로 보면 작물의 잎에 도달하지 않고 벽면이나

건물과 수직 농장의 제어 요소 비교

| 제어 요소 | 건물 | 수직 농장 |
|---|---|---|
| 조명 | 사람을 위해 인공광과 자연광 동시 사용 | 식물을 위해 전적으로 인공광에 의존 |
| 냉방 | 사람을 위해 여름철에 냉방 부하 증가 | 인공광 조명에 의해 상시 냉방 부하 높음 |
| 난방 | 겨울철에 난방 부하 증가 | 인공광 조명 발열로 냉방 부하 대비 난방 부하 낮음 |
| 제습 | 주로 환기를 통해 제습 | 식물의 증산에 의해 상시 제습 |
| $CO_2$ | 사람이 발생시킨 $CO_2$를 환기를 통해 배출 | 광합성 증대를 위해 시비 장치를 통해 공급 |

바닥과 같이 잎이 아닌 곳에 쏟아지는 빛은 대부분 낭비되는 것으로 볼 수 있다. 반사판 등을 이용해 조명에서 방출된 빛을 최대한 식물 잎 위로 가도록 시스템을 설계하면 더 효율적이다. 최근 수직 농장에서는 조명의 높낮이를 조절해 식물이 자라는 속도에 맞춰 조명을 위로 올려주는 방식으로 광 이용 효율을 높이는 시도가 진행되고 있다.

최근 수직 농장용 조명으로 대부분 고효율 LED를 채택하고 있지만, 전기 사용량 대비 많은 양의 에너지가 열로 빠져나오고 있다. 에너지 관점에서 인공광 조명의 두 번째 문제는 이렇게 빠져나온 열이 수직 농장 내부의 기온을 올린다는 점이다. 이는 결국 온도 제어를 위해 냉방해야 하는 부하가 커진다는 뜻이다. 수직 농장의 냉방 부하는 난방 부하에 비해 10배 수준으로 나타난다. 온실이라면 냉방 부하를 낮추기 위해 외부의 공기를 끌어들이는 환기를 택한다. 그러나 외부 유입 병원균 및 해충 차단과 이산화탄소의 효율적 활용 등을 목표로 밀폐성을 강조하는 수직 농장에서는 환기를 일으키기가 어렵다. 이러한 수직 농장의 에너지 소비 패턴을 이해하고 있지 않다면, 수직 농장 운영에 들어가는 에너지를 제대로 관리할 수 없다.

수직 농장에서 사용할 수 있는 에너지원은 여러 종류가 있다. 먼저 가장 손쉽게 공급받을 수 있는 에너지원은 전기다. 조명에 많은 전기를 사용하기 때문에 수직 농장의 입지를 선정할 때는 전력 공급이 충분한 곳을 택한다. 여러 해외 국가에 비해 우리나라는 전기 공급망이 잘 발달되어 있어 정전이 일어나는 경우가 드물다. 물론 정전이 되었을 때 수직 농장 내부의 작물에 큰 타격을 주기 때문에 비상 공급을 위한 발전기 등을 구비하는 것이 좋다. 만약 농업용 전기를 사용할 수 있는 상황이라면 비교적 저렴한 비용으로 수직 농장을 운영할 수 있다. 그러나 최근 전기 사용량이 높은 여름철 등에 전력 피크 문제 등이 발생하고 있어 안심할 수 있는 상황은 아니다. 대규모 블랙아웃 사태 등에 대비해 전기에너지 이외의 에너지원을 찾을 필요가 있다.

수직 농장의 설치 위치가 도심지 근교라면 배관망이 잘 구

지역난방의 세대별 특성 비교

| 구분 | 1세대 | 2세대 | 3세대 | 4세대 |
|---|---|---|---|---|
| 운영 시기 | 1900년대 초반 | 1900년대 중반 | 1980년대 ~ 현재 | 실증 및 시범 도입 중 |
| 열 매체 | 증기 | 고온·고압수 | 고온수 | 저온수 |
| 이용 온도 | 200℃ | 100℃ 이상 | 100℃ 내외 | 40~70℃ |
| 열원 | 전용 보일러 (석탄) | 대형 열병합, 전용 보일러 (석탄, 석유) | 중대형 열병합, 전용 보일러 (가스) 및 소각로, 산업 폐열 등 | 미활용 열원 및 신재생 에너지 |
| 열 공급 방법 | 사업자 일방적 공급 (전용 대형 보일러 및 설비 필요) | | | 양방향 열 거래 (사용자 열 설비 이용) |

축되어 있는 도시가스를 에너지원으로 활용할 수 있다. 현재 도시가스는 보일러에 공급해 주로 난방용으로 사용하고 있다. 최근에는 열병합 발전기나 가스 히트 펌프, 흡수식 냉동기 등을 전력 생산용과 냉방용으로도 활용할 가능성이 있다. 만약 시스템이 구축되어 있다면 가스를 연소시킬 때 발생하는 이산화탄소를 식물에 공급하는 것도 가능하다. 그러나 앞서 언급한 것처럼 연소로 에틸렌과 같은 불순물이 발생하면 수직 농장 내부의 작물에 피해를 입힐 염려가 있다. 도시가스 등으로 수직

농장에서 자체적으로 에너지를 생산하지 않고 주변의 발전소나 소각로에서 생산된 열을 가져다 사용하는 방식도 논의되고 있다. 지역난방은 발전소나 소각로, 공장 등의 산업 폐열을 활용해 고온수를 만들고 근교에 공급하는 방식을 말한다. 열에너지의 효율적 사용을 위해 지역난방 기술이 발달해 현재 4세대 기술 도입을 앞두고 있어 앞으로도 수직 농장 에너지 공급에 유용할 것으로 기대된다.

전 지구적으로 일어나고 있는 기후변화는 계속해서 인류의 생존을 위협하고 있다. 따라서 인류는 탄소 배출을 줄이기 위해 화석연료의 사용을 줄이는 방향으로 나아갈 수밖에 없다. 이런 상황에서 주로 논의되고 있는 것이 신재생에너지다. 신재생에너지는 수소를 활용하는 신에너지와 자연에서 발생하는 재생에너지로 나눌 수 있다. 연료전지 기술은 수소와 산소의 전기화학반응을 통해 전기를 생산하는 장치다. 현재 상용화된 연료전지는 대부분 도시가스를 연료로 사용하고, 개질기를 이용해 수소를 생산한다. 이 과정에서 이산화탄소가 발생하기 때문에 국제적으로 탄소 중립 기술로 인정받지는 못하고 있다. 그러나 이산화탄소 발생은 수직 농장에서 그리 나쁜 조건이 아니다. 연료전지에서는 유해 배출물이 거의 포함되어 있지 않은 순수한 이산화탄소가 발생하기 때문에 수직 농장에 시비하기에 적합하다. 자연에너지로는 주로 태양광이나 지열, 수열이 이용되고 있는데, 수직 농장에서 태양광을 사용하는 방식이 당황스러울 수 있다. 그러나 건물 형태의 수직 농장 외장재로 태양광 전지를 사용하는 방식으로 전기를 생산하는 것이 가능하다. 이 외에도 집광 장치를 이용해 모은 태양광을 광섬유로 수직 농장 안쪽에 공급하는 특수한 방식도 연구되고 있다. 지열과 수열은 초기에 수직 농장 건설 시 투자해야 하는 비용이 상당하다는 단점을 갖는다. 그러나 한번 설치해 두면 장기적으로 냉난방에 들어가는 에너지 비용을 극도로 절약할 수 있다.

수직 농장 운영에 필요한 에너지에 관한 논의가 많이 이루어지는 데는 경제적인 배경이 한몫하기도 한다. 수직 농장을 운영하는 농민이나 기업은 투자 대비 회수에 큰 관심을 기울인다. 그러나 2020년 영국의 《파이낸셜 타임스》에서 발간한 보고서에서는 아직도 소수의 기업을 제외하면 대부분의 수직 농장 기업이 수익성을 갖추지 못했다고 말한다. 수직 농장이 성공하려면 전통적인 농업 방식에 비해 더 저렴한 비용으로 작물을 생산하거나, 투입한 비용보다 더 수익을 낼 수 있는 고가의 작물을 재배해야 한다. 그러나 많은 사례에서 저렴한 비용으로 작물을 생산하는 것이 어렵다는 사실이 밝혀지고 있다. 수직 농장은 투입해야 하는 에너지와 제반 비용이 매우 높다는 것이 특징이다. 이런 배경에서 최근에는 식물 유래 바이오 의약품 등을 생산하는 등 고가의 작물을 재배하기 위한 용도로 수직 농장을 활용하려는 시도가 일어나고 있다.

## 극한 환경에서 만들어진 수직 농장

1872년 스웨덴-노르웨이 연합 왕국의 보르게Borge 지역에서 한 아이가 태어났다. 그의 증조할아버지는 조선소를 운영하는 사람이었다. 그의 아버지는 66세의 나이에 항해 중 사망했고, 형들은 독립해 상인이나 선원으로 생활했다. 어머니는 그가 가업을 이으려고 바다에 가는 것을 경계하면서 의사가 되도록 권했다. 그러나 열다섯 살이 된 그는 영국의 탐험가이자 해군 제독인 존 프랭클린John Franklin, 1837~1843 경의 탐험 보고에 푹 빠져 있었다. 그가 스물한 살이 되던 해, 어머니는 갑작스럽게 폐렴으로 세상을 떠났다. 그동안 어머니의 눈치를 살피던 그는 바로 다니던 대학을 그만두고 배에 올랐다. 돌아가신 어머니가 이 사실을 알았다면 복장이 터졌을지도 모른다. 이 문제아의 이름은 바로 로알 아문센Roald Amundsen, 1872~1928이었다.

아문센은 노르웨이 해군에서 수병장으로 제대하고 바다표범 포획선에서 선원으로 일했다. 이후에도 수많은 배를 옮겨 타며 선원으로 경력을 쌓았다. 탐험에 대한 그의 열정은 식을 줄 몰랐고, 벨기에의 남극 원정대에 일등 항해사로 합류했다. 선장 면허까지 취득한 그는 자신의 탐험대를 만들 수 있는 거물로 성장했다. 그러나 그의 경제적 사정은 좋지 않았다. 빚 독촉에 시달리던 아문센은 여섯 명의 동료와 논의한 끝에 도망치듯 북서항로 개척에 뛰어들었다. 이 탐험대는 극지방에 사는 원주민들에게 생존 전략을 배워 성공적으로 북서항로를 개척했다. 강연 등으로 많은 돈을 번 아문센은 더 이상 빚 독촉에 시달리지 않았다. 그가 북극점 탐험을 기획하던 도중 미국의 로버트 피어리Robert Peary, 1856~1920 제독이 먼저 북극점에 도달했다는 소식이 전해졌다. 탐험에 미쳐 있던 아문센은 크게 분노했다. 그는 홧김에 반대편인 남극점을 탐험하기로 마음먹었다. 공교롭게도 영국의 해군 장교인 로버트 스콧Robert Falcon Scott, 1868~1912 대령도 같은 목표를 가지고 있었다. 훗날 이 탐험 경쟁은 세계적인 이목을 끌게 되었다.

아문센은 성장기와 북서항로 개척 과정에서 배운 극지방의 생존 기술을 탐험 계획에 완벽하게 녹여냈다. 보존식품을 만드는 방법과 동물의 털가죽으로 추위를 막는 옷을 만드는 방법, 개썰매 사용법 등이 아문센의 무기였다. 반면, 스콧 대령은 영국의 첨단 기술로 무장했다. 버버리에서 개발한 개버딘 천으로 방한복을 만들었고, 야쿠트 조랑말이 끄는 썰매를 신뢰했다. 스콧 대령은 스키를 타지 않고, 목재로 만든 궤도 설상차 같은 화려한 장비를 보유하고 있었다. 이 탐험 경쟁을 지켜보던 많은 사람은 스콧 대령의 승리를 점치고 있었다. 그러나 아문센의 탐험대는 철저한 전략과 계획에 따른 탐사를 진행했고, 스콧 대령의 탐험대는 열정은 넘쳤지만 종종 무모한 행동을 저질렀다. 결국 1911년 12월 14일 아문센의 탐험대가 남극점에 도달했다. 나흘가량 남극점에 머물던 그들은 아직 도착하지 않은 스콧 대령의 탐험대에게 도움이 되리라 생각하며 식량과 순록 가죽 털옷을 남겨두었다. 이듬해 1월 17일 남극점에 도달한 스콧 대령은 뒤늦게 자신의 패배를 확인하고 좌절했다. 남극점에는 노르웨이의 국기가 펄럭이고 있었다. 스콧 대령의 탐험대는 힘겹게 귀환하려 했지만 3월 29일 스콧 대령을 마지막으로 모두가 동사했다. 아문센의 탐험대는 무사히 귀환하고 탐험계의 슈퍼스타가 되었다.

아문센이 남극점을 정복한 이후에도 이 거대한 대륙에는 많은 탐험가가 드나들었다. 영구적으로 사람이 거주하는 기지를 가진 국가는 30개국을 넘어섰다. 기지 수도 80개를 넘었다. 우리나라도 세종 과학 기지와 장보고 과학 기지를 운영하고 있다. 가장 규모가 큰 미국의 맥머도 기지에는 여름철에 1,000명이 넘는 인원이 상주하고 있다. 칠레에 가까운 기지에 거주하는 대원들은 남극의 여름철에 칠레에서 재배한 채소를 공급받는다. 그러나 남극점 근처 기지에 있는 대원이나 기지에서 겨울을 보내는 대원은 신선한 채소를 구하기가 어렵다. 여러 국가에서 이런 상주 대원들의 문제를 해결하기 위해 수직 농장을 운영하고 있다. 미국의 아문센-스콧 기지에는 인공조명을 이용해 작물을 수경 재배하는 남극 식량 생장실South Pole Food Growth Chamber, SPFGC이 설치되어 있다. 우리나라에서도 2010년 세종 과학 기지에 컨테이너 형태의 수직 농장을 보냈다. 월동하는 대원들은 신선한 엽채류를 직접 길러 먹을 수 있게 되었다. 2020년 새 버전의 수직 농장이 쇄빙 연구선 아라온호에 실려 세종 과학 기지로 옮겨졌다. 농촌진흥청에서는 두 차례 수직 농장을 보내 운영하면서 여러 노하우를 터득했다. 새 버전의 수직 농장에서는 엽채류 외에도 오이, 애호박, 고추, 토마토, 수박 등 과채류를 재배할 수 있었다. 또한 농촌진흥청에는 원격으로 남극의 수직 농장 내부 환경을 모니터링하고 제어할 수 있는 통신 시설을 갖추고 있다. 만약 수직 농장의 온도와 습도, 이산화탄소 농도, 양액의 산성도 등이 작물의 생육에 부적절한 상태가 되면 농촌진흥청 전문가들의 원격 컨설팅을 통해 정상으로 되돌릴 수 있다. 남극 세종기지에서 제35차 월동 연구대 생물 전문가로 활동한 김재환 대원은 다음과 같이 소감을 밝혔다.

> 남극은 연평균 기온이 영하 23℃에 달하는 극한의 환경을 보입니다. 이런 남극에서 과채류를 재배해 신선한 상태로 먹을 수 있는 나라는 현재까지 미국과 한국밖에 없습니다. 재배 전문가가 아닌 저도 농촌진흥청의 농업기술길잡이

책을 읽으며 노력한 끝에 수직 농장에서 많은 채소를 수확할 수 있었습니다. 값진 경험이었죠.

극지방과 정반대로 건조하고 뜨거운 사막에서도 수직 농장을 활용하려는 시도가 계속 이어지고 있다. 쿠웨이트는 전체 국토의 0.6%만이 경작지고, 아랍에미리트 또한 마찬가지로 1% 미만의 경작지 면적을 보이고 있다. 건조한 사막형 기후의 나라들은 식량 안보에 대한 열망이 강하다. 이런 지역에서는 최소한의 토지를 이용하고, 물을 낭비하지 않을 수 있는 농업 기술이 필요하다. 중동 지역의 여러 국가는 산유국이기 때문에 오히려 에너지 비용이 매우 저렴하다는 특징이 있다. 이러한 특수한 환경 속에서는 다양한 컨테이너형 수직 농장이 각광받고 있다. 건조한 기후 지역의 밭에서 채소를 기르면 재배를 위해 공급한 물의 90%가 증발로 손실된다. 이스라엘에서 개발되어 현재 가장 효율적인 관수 방식으로 평가받고 있는 점적관수 방식으로도 상당량의 물이 손실되고 있다. 수직 농장은 밀폐된 환경에서 내부의 물을 순환시킬 수 있다. 작물이 증산작용을 통해 수직 농장 내부로 수증기를 내보내면, 공기조화기 내에서 수증기가 응결되어 다시 수경 재배 장치로 들어가는 식이다. 미국의 수직 농장 기업 프레시박스 팜FreshBox Farms은 연간 4,600만 갤런의 물을 사용해야 하는 기존 농법에 비해 밀폐된 수직

아랍에미리트 아부다비에 설치된 컨테이너형 수직 농장(N.THING)

농장을 활용하면 1만 8,000갤런의 물로도 충분히 작물을 재배할 수 있다고 말한다.

아랍에미리트는 2017년에 식량안보 특임장관을 임명하고, 2051년까지 식량 안보 지수 1위를 달성하겠다는 목표를 세웠다. 아랍에미리트의 수도 아부다비에서는 식량 자급률을 높이기 위해 초대형 수직 농장을 계속해서 건설하고 있다. 미국의 대표적인 수직 농장 기업 에어로팜AeroFarms은 AgX라는 이름으로 6,000$m^2$ 면적의 7단 수직 농장을 아부다비에 건설했다. 사우디아라비아에서도 5억 달러 규모의 기금을 조성해 수직 농장 인프라를 구축하는 사업을 진행 중이다. 2022년 사우디아라비아에 설치된 2,000$m^2$ 면적의 수직 농장 바더 스마트팜Bather Smart Farm에서는 월 16톤의 엽채류를 생산하고 있다. 한국과 일본에는 규격화된 컨테이너형 수직 농장을 개발해 이러한 중동 지역 국가에 공급하는 기업들이 다수 포진해 있다. 이러한 사막형 수직 농장들은 외부의 뜨거운 열을 차단하기 위한 단열 자재의 선정과 밀폐성을 높인 구조로 물 사용량을 저감하는 기술을 핵심이라 여긴다.

그러나 수직 농장 운영에 필요한 막대한 에너지 비용을 감당할 수 없는 여러 국가에서는 다른 방향의 접근이 필요하다. 중동 지역과 유사한 사막 기후대에 속하지만 산유국이 아닌 아프리카의 여러 국가는 수직 농장을 운영할 경제적 여건이 갖춰지지 않은 경우가 많다. 이런 국가들에서는 물 부족으로 인해 수직 농장은 물론이고 전통적인 농업 방식을 택하는 것도 무리다. 그렇다면 가정용 식물 재배기의 역할이 강조될 수 있다. 사람이 생활하는 건물 내부에는 이미 쾌적한 온습도 환경이 조성되어 있을 확률이 높다. 수직 농장에서 공기조화를 시도하기보다 생활공간 내부에서 식물을 재배해 공조에 드는 에너지 비용을 절약하는 것이 더 효율적이다. 대부분의 원예 작물 재배에 적정한 온도 범위는 인간이 쾌적함을 느끼는 온도 범위와 비슷하다. 우리나라의 LG전자를 비롯해 여러 기업에서 가정용 식물 재배기를 개발하고 있다. 그중에는 실내의 공조에 도움을 받아 작물을 재배하는 간단한 장치도 있고, 내부를 격리해 최소한

LG전자의 식물 생활 가전 티운(좌)과 티운 미니(우)

의 공간에서 환경을 조절하는 장치도 있다. 건조한 환경이 흔한 국가에서도 소규모의 기기를 활용해 작물을 재배할 수 있는 여러 가지 방식이 개발되고 있기 때문에 대형 수직 농장의 건설이 이루어지지 않더라도 작물 재배가 가능할 것으로 보인다.

사우디아라비아의 무함마드 빈 살만 알사우드Mohammed bin Salman Al Saud, 1985~ 왕세자 겸 총리는 2017년 10월 24일 충격적인 프로젝트를 발표했다. 사우디아라비아 정부의 비전 2030 정책의 일환인 신도시 계획 네옴Neom이었다. 네옴 계획에는 아카바만灣에서 네옴국제공항까지 길이 170km, 너비 200m, 높이 500m로 평행하게 늘어설 두 건물인 더 라인The Line이 포함되어 있다. 이 프로젝트에는 약 1조 달러의 비용이 들어갈 것으로 예상하고 있다. 2030년에 완공하는 것을 목표로 한창 공사 중인

이 놀라운 도시 계획은 여러 논란을 불러일으켰다. 콘셉트 영상에서는 저층에 나무나 식물이 자라고 태양광이 잘 비치는 것처럼 나왔지만, 실제로는 식물이 자랄 수 없는 어두운 그림자가 질 것이라고 예측하고 있다. 구조적 문제나 재난 대책, 저층 슬럼화 문제 등도 심각할 것으로 보인다. 대부분의 전문가들은 이 도시 내에서 일반적인 방식으로 식물을 재배하는 것은 불가능하다고 생각한다. 그러나 저층 지역에 충분한 에너지만 공급할 수 있다면 이 도시에도 수직 농장이 들어서는 것은 가능할 것이다. 네옴 계획은 지속적인 관심을 받고 있던 프로젝트지만, 현재 실현 가능성은 거의 없는 것으로 여겨지고 있다. 다만, 그러한 구조의 도시 계획을 했을 때 수직 농장에 사용되는 기술이 반드시 포함되어야 한다는 사실은 확실하게 확인할 수 있었다.

우리나라에서도 네옴의 더 라인만큼이나 충격적인 계획이 발표되었다. 2027년 착공해 2030년에 완공을 목표로 하는 부산의 해상 부유 도시 오셔닉스 부산Oceanix Busan이 바로 그것이다. 오셔닉스 부산은 육지와 다리로 연결된 해상 부유식 플랫폼 세 개가 6.3ha 규모로 건설되어 1만 2,000명 정도의 인원을 수용할 수 있도록 계획하고 있다. 이 계획에는 온실과 도시 농업 기술을 활용해 작물을 생산하려는 시도도 함께 들어 있다. 식량 생산 구역에는 950m$^2$ 면적의 온실과 3,000m$^2$ 면적의 밭, 210$m^2$ 면적의 분무수경실 등이 포함되어 있다. 많은 사람이 이러한 계획이 무모하고 비현실적이라 평가한다. 콘셉트 아트에 드러난 온실의 구조는 전통적인 온실과는 큰 차이를 보인다. 민물고기와 식물을 함께 기르는 아쿠아포닉스 방식도 계획에 포함되어 있으나, 기술적으로 어려움이 많은 방식이라 여겨진다. 어쩌면 네옴의 더 라인과 오셔닉스 부산은 철저한 실패나 사기극으로 남을 수도 있다. 그러나 인류가 극한의 환경을 정복하고 살아가고자 하는 한, 식량을 생산하기 위한 수직 농장 기술은 계속해서 발전할 것이다. 남극과 사막에서도 작물을 길러 내고 있는 인류는 언젠가 해저에 거주지를 건설하고 작물을 기를지도 모른다. 농업은 인류의 기원과 함께한 오래된 기술이지만, 미래를 열어주는 열쇠이기도 하다.

# 제2장

# 우주 환경에서 식물은 어떻게 자라는가

"저기, 사라진 별의 자리
아스라이 하얀 빛"
_윤하, 〈사건의 지평선〉 중

## 우주 공간

2050년, 알 수 없는 이유로 태양이 죽어가기 시작한다. 인류는 죽어가는 태양에 심폐소생술을 하고자 이카루스 1호에 핵탄두를 실어 태양으로 보낸다. 태양 속에서 폭발을 일으켜 태양을 살리려는 전무후무한 계획의 일환으로 핵탄두는 뉴욕의 맨해튼에 맞먹는 크기로 만들어진다. 그러나 이카루스 1호는 임무 도중 통신이 두절되고, 태양은 여전히 죽어가고 있다. 7년 뒤 인류는 모든 자원을 끌어모아 이카루스 2호를 태양으로 다시 쏘아 보낸다. 이카루스 2호에 탑승한 여덟 명의 대원은 항해 도중 이카루스 1호를 발견하고 혼란에 빠진다. 정체를 알 수 없는 위협적인 존재가 대원들을 공격하기 시작한다. 2007년 개봉한 영화 〈선샤인Sunshine〉은 막중한 임무를 짊어진 대원들의 극한 상황을 잘 묘사한 수작으로 평가받는다. 극중 이카루스 1, 2호에는 대원들이 호흡할 산소를 생산하는 산소 정원이 등장한다. 생물학자 코라존(양자경 분)은 오로지 산소 정원을 안정적으로 관리하기 위한 목적으로 우주선에 탑승한 대원이다. 식물을 재배하기 위한 장치는 에어컨 실외기 같은 외형을 지니고 있는데, 우리나라 기업 LG전자의 제품을 영화 세트에 맞게 변형해 사용했다.

2014년 지구온난화를 해결하기 위해 전 세계 79개국 정상들은 냉각제 CW-7을 대기 중에 살포하기로 결의한다. CW-7의 부작용은 심각한 수준이었고, 지구상의 모든 것이 얼어붙어 빙하기가 찾아온다. 기차가 좋아 어른이 되면 평생 기차에서 살겠다고 꿈꾸는 소년에게 주변 사람들은 모두 어리석다고 말했다. 그러나 소년 윌포드(에드 해리스 분)는 1년에 한 번 전 세계 43만 8,000km를 횡단하는 호화 크루즈 열차를 만들고 꿈을 이루었다. 안타깝게도 빙하기에 살아남은 사람들은 그가 만든 기차에 오른 사람들뿐이었다. 기차의 맨 끝 꼬리 칸에 탑승한 사람들은 인간 이하의 대접을 받으며 살아간다. 식량은 겨우 한 사람당 하나 배급되는 거무튀튀한 단백질 블록이었고, 군인들은 꼬리 칸 주민들을 학대하고 반란에 대해서는 엄격한 형벌을 내리곤 했다. 2013년 개봉한 봉준호 감독의 영화 〈설국열차Snowpiercer〉는 지구상에 있지만 우주 못지 않은 극한 상황에 놓인 사람들의 이야기를 다룬다. 커티스 에버렛(크리스 에반스 분)은 반란을 성공적으로 이끌며 기차 앞으로 전진해 나간다. 작물을 재배하는 농장 칸에 도달한 꼬리 칸 사람들은 풍족한 작물을 보며 크게 놀란다. 타냐(옥타비아 스펜서 분)는 토마토를 집어먹느라 정신이 없다. 재배 장치는 조명으로 형광등을 사용하는 수직 농장의 모습을 하고 있다.

같은 해 개봉한 영화 〈그래비티Gravity〉는 좀 더 짧은 시간 동안 일어난 사건을 다룬다. 허블 우주 망원경을 수리하던 라이언 스톤 박사(샌드라 불럭 분)는 우주에 떠돌던 인공위성 잔해물이 우주선에 부딪히며 튕겨 나가 지구 궤도상의 우주에서 표류하게 된다. 스톤 박사는 러시아와 중국의 우주 정거장과 우주선을 넘나들며 우여곡절 끝에 지구로 귀환한다. 중국의 우주정거장 톈궁天宮, Tiangong도 큰 피해를 입어 내부에 경보음이 울리고 엉망진창이다. 정신없이 지나가는 영화 속에서 톈궁에 설치된 밀과 보리 같은 작물 재배 장치가 등장한다. 원통형 구조로 되어 있는 이 장치는 무중력 상태에서 뿌리에 양액을 공급해 작물을 재배할 수 있다.

2014년 개봉한 크리스토퍼 놀런 감독의 〈인터스텔라

Interstellar〉에는 더 큰 규모의 구조물이 등장한다. 천신만고 끝에 인류를 구하고 2156년 구조된 조셉 쿠퍼(매튜 매커너히 분)는 의료진에게 자신이 치료받고 있는 곳의 이름이 쿠퍼 스테이션이라는 이야기를 듣는다. 자신의 이름에서 딴 줄 알고 즐거워하던 그에게 의사는 따님의 이름을 딴 것이라고 정정해 준다. 우주선의 이름은 중력의 비밀을 풀어 인류 생존 계획을 성공시킨 머피 쿠퍼(제시카 차스테인 분)의 업적을 기리는 것이었다. 조셉 쿠퍼는 창밖에서 야구를 하던 아이들이 친 공이 위쪽으로 날아가 거꾸로 매달린 집의 창을 깨고 들어가는 것을 본다. 이 우주선은 미국항공우주국National Aeronautics and Space Administration, NASA의 원통형 건물을 그대로 우주로 띄운 구조였던 것이다. 그는 자신이 지구에서 살던 집과 거의 똑같이 재현해 둔 기념관 겸 저택으로 향한다. 그가 가족을 부양하기 위해 기르던 옥수수 밭을 재현한 곳을 지나는 동안에도 쿠퍼 스테이션의 원통형 구조를 확인할 수 있다. 원통을 회전시키면 원심력이 발생하고, 회전속도를 적절하게 조절하면 원통 내부 표면을 따라 지구와 유사한 수준의 중력을 인공적으로 만들어 낼 수 있다.

2015년 개봉한 영화 〈마션The Martian〉에서는 화성에서 작정하고 농사를 짓는 주인공이 등장한다. 식물학자 겸 기계공학자인 마크 와트니(맷 데이먼 분)는 입이 조금 험한 사람이라는 평을 듣지만, 사실은 처한 상황이 심각해서 어쩔 수 없었다. 대원이 모두 철수하는 동안 낙오된 그는 구조될 때까지 화성에서 어떤 방법을 써서라도 살아남아야 했다. 남아 있는 식량은 1년 치가 조금 못 되었고, 다음 탐사대인 아레스 4팀이 도착하기까지는 4년이라는 긴 시간이 남아 있었다. 겨우 응급처치를 마친 그는 식량을 만드는 작업에 돌입한다. 그는 기지 안에 화성의 흙을 퍼 나르고, 연료 하이드라진에서 물을 생성하고, 보관 중인 인분을 꺼내 거름을 만든다. 지구에서 실험용으로 가져온 이끼와 잔디 종류도 있었지만, 식량을 만들어야 하는 그에게는 감자만한 작물이 없었다. 가까스로 지구와 연락이 닿아 구조 계획이 세워졌고, 구조되는 그날까지 그는 감자를 먹어치우며 생존한다. 전직 특수 요원은 화성에서도 살아남았다.

중구난방으로 소개된 영화들 속에서 공통점을 찾는 일은 쉽지 않다. 이 영화들은 다양한 나라의 다양한 감독이 만들었다. 어떤 영화는 크게 흥행했고, 어떤 영화는 별로 주목받지 못했다. 지구가 배경인 영화도 있고, 우주 공간이나 다른 행성이 배경인 영화도 있다. NASA에서는 〈그래비티〉나 〈마션〉 같은 영화 덕분에 자신들의 예산이 늘어날 것을 기대하며 흐뭇해했다고 한다. 각각의 영화가 우리에게 말하고자 하는 바는 천차만별이다. 관객에게 전달하려는 메시지와 나열된 여러 농업 관련 장치나 기술은 큰 상관이 없다. 이런 장치들이 영화에서 드러나지 않았더라도 주제 의식은 충분히 전달했을 것이다. 하지만 우리가 일련의 영화에서 찾을 수 있는 공통점은 주인공이나 그 일행이 살 수 없는 곳에서 살려 하거나, 갈 수 없는 곳에 가려 한다는 것이다. 극한의 환경이 펼쳐지는 우주에서 이러한 장치와 기술이 없으면 인간은 생존할 수 없다. 〈인터스텔라〉에 등장하는 로밀리(데이비드 자시 분)는 우주선에서 두려움을 느낀다. 얇은 금속판 바깥에 자신을 죽일 극한 환경이 펼쳐져 있다는 사실이 그를 불안하게 만든다. 우주 공간은 생명체에게 그다지 호의적인 곳이 아니다.

인류의 역사를 모두 통틀어도 알베르트 아인슈타인Albert Einstein, 1879~1955만큼 위대한 업적을 남긴 과학자를 찾아보기 어렵다. 상대성이론을 비롯한 창의적이고 천재적인 업적은 현재까지도 후세의 과학자들에게 귀감이 되고 있다. 그런 아인슈타인이 자신의 실수를 인정하는 사건이 있었다. 1917년 그는 일반상대성이론에서 파생된 중력 방정식을 우주 전체에 적용해 보려고 했다. 그러나 우주에 균일하게 은하와 천체가 흩어져 있으면 우주는 크기가 유한한 닫힌 우주여야 했다. 그러나 닫힌 우주는 가만히 있지 못하고 수축해 붕괴하게 되어 있었다. 하는 수 없이 그는 중력 방정식에 우주 상수를 추가해 우주가 붕괴하지 않도록 했지만, 적절한 근거는 없었다. 시간이 흘러 에드윈 허블Edwin Hubble, 1889~1953이 은하 관측을 통해 우주가 팽창하고 있다는 사실을 알아냈다. 아인슈타인은 더 이상 우주 상수를 사용할 필요가 없다고 느껴 폐기해 버린다. 실제로 이 사건에 대해 아인슈타인이 일생 최대의 실수라고 말했는지는 알 수 없다. 그러나 팽창하는 우주에 대한 연구는 여러 과학자의 연구를 통해 계속 이어졌다.

영국의 천문학자 프레드 호일Fred Hoyle, 1915~2001과 러시아계 미국인 천문학자 조지 가모프George Gamow, 1904~1968는 우주의 상태에 관해 열띤 논쟁을 벌였다. 호일은 우주가 팽창하면서 빈 공간에서 수소 원자가 저절로 생겨나 항상 일정한 밀도를 보일 것이라고 주장했다. 가모프는 질량보존의법칙을 무시하는 호일의 주장을 받아들이기 어려웠고, 과거에 한 점에 모여 있던 우주가 점차 팽창해 지금의 모습이 되었다고 생각했다. 호일은 1949년 라디오방송에서 가모프의 의견을 공격하기 위해 "우주가 맨 처음에 꽈광Big Bang 하고 생겼"느냐고 물었다. 그러나 그 후 여러 증거가 빅뱅 우주론의 손을 들어주었고, 역설적이게도 격렬한 반대자였던 호일이 아주 멋진 이름을 붙여준 꼴이 되었다.

1964년 벨 연구소에서 일하던 아르노 펜지어스Arno Penzias, 1933~와 로버트 윌슨Robert Wilson, 1936~은 위성 신호를 잡으려고 애썼지만 잡음이 너무 심해 골머리를 앓고 있었다. 안테나를 어느 방향으로 세워놓아도 이 잡음은 계속해서 들려왔기 때문에 처음에는 안테나의 문제라고 생각했다. 안테나에 비둘기가 튼 둥지를 없애고 귀찮게 구는 비둘기를 모조리 제거했는데도 잡음은 사라지지 않았다. 문제를 해결하지 못한 그들은 다른 천문학자들에게 도움을 요청했다. 그들이 발견한 이 잡음은 훗날 '우주배경복사'라는 이름이 붙었고, 아날로그 TV에서도 신호를 잡을 수 있다. 우주배경복사는 과거 뜨거웠던 우주에서 발생한 빛이 아직까지 우주에 남아 있는 것이다. 이 신호는 우주 어디를 관측해도 항상 일정하게 나타났기 때문에 학자들은 여러 의문을 가졌다. 우주가 팽창했다 해도 이 정도로 균일하기란 어려운 일이었다. 앨런 구스Alan Guth, 1947~는 과거 우주 공간 자체가 빛보다 빠른 속도로 팽창했다는 이론을 제안했다. 우주가 작은 크기였을 때 균일하게 식었고, 이후 급격한 팽창을 통해 커졌기 때문에 우주의 모든 방향에서 같은 복사 신호

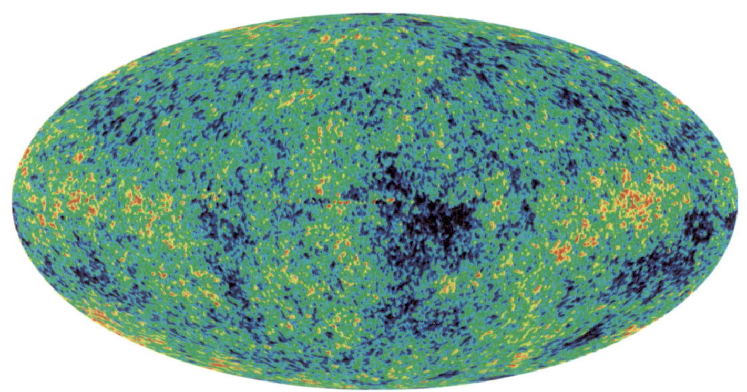

Wilkinson Microwave Anisotropy Probe(WMAP)가 관측한 우주배경복사

가 나오게 되었다는 설명이다. 구스의 인플레이션 우주론은 이외에도 빅뱅 우주론의 여러 문제를 해결해 주었다.

이후 여러 학자가 우주가 시간이 갈수록 점점 더 빠르게 팽창하고 있다는 사실을 알아냈다. 가속 팽창하는 우주를 설명하기 위해 학자들은 '암흑 에너지'라는 개념을 도입하고 있다. 다소 당황스럽게도 암흑 에너지가 중력 방정식에서 자리 잡은 위치는 아인슈타인이 실수라고 인정하며 삭제했던 우주 상수 자리에 들어갔다. 이렇게 여러 학자의 노력 끝에 138억 년 전부터 지금까지 이어지는 우주의 역사를 그려낼 수 있었다. 현재 물리학계와 천문학계에서 가장 널리 받아들여지고 있는 이 모

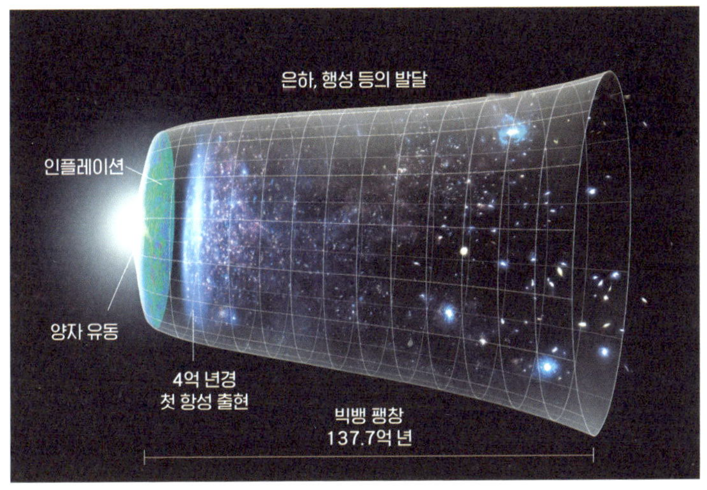


표준 우주 모형을 나타낸 그림

형은 표준 우주 모형이 되었다. 표준 우주 모형에서 현재 우리 우주의 밀도는 세제곱미터당 양성자가 5.9개 들어 있다고 말한다. 이러한 역사 때문에 대부분의 우주 공간은 거의 완벽한 진공 상태에 가깝다.

행성과 위성은 강한 중력이 존재해 대기가 형성된다. 지구 대기에는 세제곱미터당 $2.7\times10^{25}$개의 입자가 빼곡하게 들어차 있어 여러 생명체가 호흡을 할 수 있다. 그러나 우주 공간의 밀도는 생명체가 생존에 필요한 기체 교환을 할 수 없게 만든다. 게다가 우주 공간의 온도는 영하 270℃로 매우 낮다. 이런 극단적인 환경에서 생존할 수 있는 생명체는 거의 존재하지 않는다. 5억 년 전 캄브리아기에 지구상에 출현한 완보동물문Tardigrada에 속하는 곰벌레는 휴면 상태에 돌입하는 능력으로 주목을 받았다. 1mm 크기도 안 되는 작은 생명체인 곰벌레는 충격적이게도 뜨거운 온천, 작열하는 사막, 얼음 덮인 극지방, 어두운 심해에서도 살고 있었다. 심지어 실험을 통해 곰벌레가 영하 272℃부터 영상 151℃까지의 온도 범위에서 생존할 수 있다는 사실이 밝혀졌다. 유럽우주국European Space Agency, ESA에서 인간에게 치명적인 수준의 우주 방사선에 노출되도록 곰벌레를 위성에 붙여 쏘아 올렸다. 진공 상태에서도 곰벌레는 생존했고, 심지어 번식까지 해냈다. 그러나 현재까지 곰벌레를 제외하고 이 정도로 극단적인 환경 조건에서 생존할 수 있는 다

극한의 생존 능력을 지닌 곰벌레(Schokraie 등, 2012)

른 생명체는 발견되지 않았다. 따라서 우주에서 식물을 기르고자 한다면 우주선과 같은 구조물의 내부에서 재배해야 한다.

그러나 우주선 내에서 식물을 재배하더라도 여전히 해결해야 할 문제가 남는다. 영화 〈인터스텔라〉의 쿠퍼 스테이션과 같이 인공적으로 중력을 구현할 수 있다면 큰 문제가 없겠지만, 톈궁 우주정거장과 같이 무중력 상태에 놓인 우주선에서는 식물이 지구와 동일하게 자라지 않을 수 있다. 지구상의 생물은 지구의 중력에 적응하며 진화해 왔다. 식물은 자연스럽게 중력에 반응해 수직 방향으로 뿌리를 내리고 줄기를 뻗어 자란다. 중력에 반응하는 생명체의 특성은 굴중성gravitropism이라고 부르며, 육생 식물과 균류에서 주로 나타난다. 식물은 체내에서 중력에 따라 호르몬의 농도를 달리하거나 전분 축적을 다르게 해서 조직이 휘어지게 자라도록 만든다. 애기장대를 이용한 돌연변이 실험을 통해 굴중성에 관여하는 몇 가지 유전자가 확인되었다. 우주 공간의 무중력 상태에서 식물이 정상적으로 자라는지 확인하기 위해 몇 가지 장치가 개발되었다. 식물 경사 회전기clinostats는 1800년대 후반 개발된 장치로, 하나 이상의 축을 따라 심어진 식물을 회전시키는 원통 구조로 되어 있다. 여러 축을 가지고 있으며 각 축마다 회전속도가 다르게 설정된 경우에는 무작위 회전 장치random positioning machines, RPM라고 부른다. 수시로 중력의 방향을 바꾸는 이러한 장치는 무중력 환경과 근본적으로 다른 환경이라는 비판을 받았다. 그러나 우주에

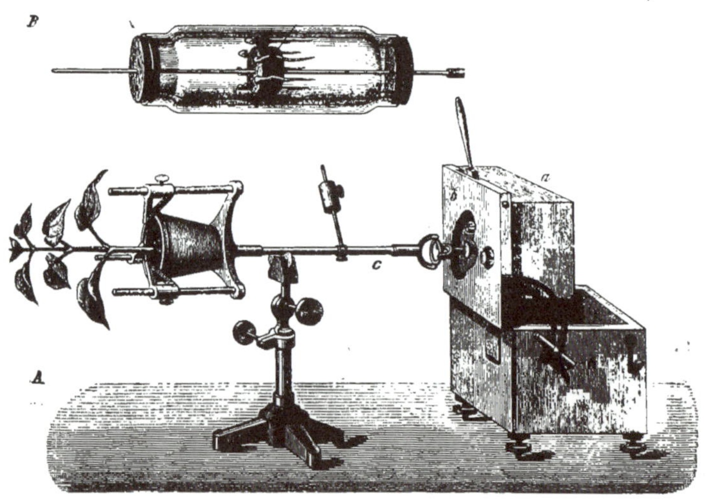


1900년대 초 식물 경사 회전기의 형태를 나타낸 삽화

직접 나가 식물 재배 실험을 하려면 많은 비용이 필요하기 때문에 아직도 이러한 장치들이 연구에 쓰이고 있다. 최근에는 자기 부상 장치를 이용해 무중력 환경을 구현하려는 시도가 이어지고 있다.

1999년 일본에서는 우주 비행선 STS-95의 임무 기간 동안 우주 공간의 무중력 상태에서 쌀의 발아 과정을 관찰했다. 지구상에서 발아시킨 쌀은 정상적으로 수직 방향의 발아를 보여준 반면, 궤도상에서 발아시킨 쌀은 방향을 잃고 이리저리 자란 모습을 보여주었다. 미국 마이애미대학교Miami University 연구진은 국제우주정거장International Space Station, ISS에서 미세 중력 상태에서 애기장대의 발아 실험을 진행했다. 연구진은 중력이 존재하지 않아 방향을 잃고 제대로 뿌리 내리지 못하는 식물에게 적절한 파장의 빛을 공급하면 정상적으로 자라게 만들 수 있다는 사실을 밝혀냈다. 중국의 연구진은 무중력 상태가 식물과 식물 뿌리 주변에 공생하는 근균의 공생 관계를 해친다는 사실을 알게 되었다. 중력과 관련된 식물 재배상의 문제를 해결하기 위해 중국을 비롯한 여러 국가의 연구진은 미세 중력 상태에서 정상적인 생육을 보이는 유전자 변형 작물을 개발하고 있다.

## 달

현대사회는 인구가 도시로 집중되는 도시화를 겪고 있다. 이에 따라 도시가 점점 커지면서 이전에 없던 공해가 생겨나고 있다. 광고를 위한 네온사인이나 도로변에 늘어선 가로등의 불빛은 도시의 밤을 대낮처럼 밝게 비춘다. 이렇게 밤하늘이 밝아져 천체 관측을 방해하는 현상을 '빛공해'라고 부른다. 유성은 미약한 빛을 내기 때문에 빛공해가 심한 지역에서는 더 이상 찾아보기 어려워졌다. 별들은 내부에서 핵융합 반응을 일으키므로 우주의 먼 거리에서도 관찰할 수 있는 강한 빛을 낸다. 반면, 유성의 빛은 모래 알갱이 크기의 작은 유성체가 지구의 대기를 빠른 속도로 통과하며 대기 중의 원자와 분자를 이온화시키는 과정에서 발생한다. 유성체에 의해 에너지를 얻은 대기 중의 입자들은 들뜬 상태가 되었다가 에너지를 방출하며 원상태로 돌아간다. 이때 방출된 에너지가 우리 눈에 보이는 유성의 빛이 된다. 유성체는 크기가 매우 작기 때문에 지구 대기와의 마찰로 순식간에 타버리며, 지표면에 도달하기 전에 대부분 사라진다. 그러나 대기층이 발달한 지구와 달리, 크기가 작은 달은 중력을 통해 기체 분자를 붙잡아 둘 수 없어 희박한 대기를 갖는다. 지구에서는 100kPa 수준의 대기압이 나타나는 반면, 달의 대기압은 $3\times10^{-13}$kPa로 매우 낮다. 따라서 달에 돌입하는 유성체는 크기가 작더라도 대기와의 마찰로 연소되지 않고 지표면에 도달할 수 있으며, 유성의 빛도 나타나지 않는다. 대기의 유무에 따른 이러한 차이는 각 천체의 형성 과정이 다르기 때문에 발생한다.

태양계 이전에 존재했던 별은 초신성 폭발을 일으키며 최후를 맞이했고, 핵융합에 의해 생성된 여러 물질을 공간상에 흩뿌리며 전태양 성운이 되었다. 이후 전태양 성운의 각 위치에서 우리가 익히 알고 있는 여러 행성이 탄생했다. 산소는 자연 상태에서 주로 $^{16}O$, $^{17}O$, $^{18}O$의 세 가지 안정 동위원소로 존재한다. 지구에서는 산소 동위원소 중 $^{16}O$가 99.7% 이상으로 가장 많은 양을 차지한다. 산소 동위원소는 별의 내부에서 일어나는 핵융합 과정을 통해 생성되며, $^{16}O$에서 $^{18}O$로 갈수록 질량이 커진다. 초신성 폭발에 의해 물질들이 흩어질 때, 질량이 작은 산소 동위원소일수록 멀리 퍼져 나갔다. 따라서 전태양 성운의 각 위치에서 형성된 행성들은 서로 다른 산소 동위원소 비율을 갖게 되었다. 행성의 기원과 마찬가지로 달의 기원에 의문을 가진 여러 학자는 산소 동위원소분석을 통해 달의 기원을 설명할 수 있을 것이라 기대했다.

달의 기원을 설명하고자 하는 여러 가설이 있으며, 이 중 가장 널리 받아들여지는 것은 '충돌 모델'이다. 충돌 모델에서는 과거에 화성 크기의 원시행성이 지구와 충돌해 흡수되었고, 충격에 떨어져 나간 파편들이 뭉쳐 달이 되었다고 설명한다. 라그랑주점Lagrangian point은 천체들 사이에 중력이 균형을 이루는 지점을 의미하며, 학자들은 지구 공전 궤도의 라그랑주점에서 원시 행성이 형성되었으리라 추측했다. 또한 지구 지각에 포함된 광물의 90% 이상이 규산염 광물이므로, 충돌 모델에 등장하는 원시 행성도 주로 규산염 광물로 이루어졌을 것이라는 가설이 추가되었다. 규산염은 규소 이온 주변에 네 개의 산소 이온이 부착된 사면체 형태를 보이며, 규산염 사면체가 결합해 층층이 쌓이면 규산염 광물을 이룬다. 규산염은 분자 구조에 산소를 포함하고 있기 때문에 동위 원소 분석의 대상으로 사용할 수 있다. 1969년부터 1976년까지 달에 직접 착륙한 미국의 아폴로 11, 12, 14, 15, 16, 17호와 소련의 루나 16, 20, 24호는 달 표면의 암석과 토양을 채취해 지구로 돌아왔다. 달의 암석을 분석한 결과, 지구와 마찬가지로 규산염 광물이 주성분이었다. 또한 산소 동위 원소의 비율이 지구와 동일한 것으로 나타났다. 따라서 달을 이루고 있는 암석은 지구와 같은 궤도에서 생성되었다는 사실을 알게 되었고, 라그랑주점에서 형성된 원시 행성이 지구에 충돌해 달이 만들어졌다는 충돌 가설이 설득력을 얻었다.

지구의 암석과 유사한 점이 발견되어 달의 기원을 설명할 수 있게 된 상황과 달리, 달에서 채취해 온 토양은 지구의 토양과는 유사하면서도 다른 특성을 보인다. 아폴로 16호와 루나 20호가 착륙한 달의 고지에는 사장석 광물이 풍부해 지구의 사장암질 토양과 유사했고, 아폴로 11, 12호와 루나 16, 24호가 착륙한 달의 바다에는 휘석과 감람석 광물이 풍부해 지구의 현무암질 토양과 유사했다. 그러나 전체적으로 달의 토양은 지구에 비해 규소가 적고 철과 마그네슘, 티타늄 등의 중금속 비율이 높다. 특히 티타늄의 경우 달의 토양에서 $TiO_2$ 비율이 평균 1.7%를 차지해 지구에 비해 세 배가량 많았다. 지구의 토양 밀도는 1.00~1.60g/$cm^3$ 범위에 있으며, 달의 토양 밀도는 1.45~1.79g/$cm^3$ 범위에 있다. 따라서 달의 토양이 같은 부피일 때 중금속 함유량이 높아 더 무겁다는 사실을 알 수 있다. 달의 토양은 평균 입자 크기가 0.072mm로, 지구상의 토양 중 고운 모래와 유사하다. 그러나 달의 토양은 입자의 형태가 매우 불규칙적이며, 구형보다는 길쭉한 형태가 많아 지구의 토양과는 다른 물리적 특성을 나타낸다. 1969년 아폴로 11호에 탑승해 인류 최초로 달을 밟은 버즈 올드린Buzz Aldrin, 1930~의 발자국이 선명하게 찍힌 사진은 인류의 달 탐험을 기념하는 증거물인 동시에 달의 토양 특성을 보여주는 좋은 자료다. 불규칙적인 입자 표면들끼리 물리적으로 결합하기 때문에 달의 토양은 어린이용 신발에 주로 쓰이는 벨크로처럼 응집력을 갖는다. 따라서 수분이 전혀 없는 달에서도 젖은 해변 모래사장에 찍힌 발자국과 유사한 형태의 자국이 나타나게 되는 것이다.

이렇게 달의 토양이 지구의 토양과 다른 특성을 보이는 이유는 풍화작용에서 찾을 수 있다. 암석이 오랜 시간에 걸쳐 기

달에 첫발을 내딛은 버즈 올드린의 발자국

상 환경과 생물학적 작용에 노출되면 작은 입자로 분해되는데, 이를 '풍화작용'이라고 부른다. 풍화작용은 형태가 변화하는 기계적(혹은 물리적) 풍화와 조성 물질이 변화하는 화학적 풍화, 생물에 의한 생물학적 풍화로 나뉜다. 지구에서는 세 가지 풍화작용이 모두 일어나며, 풍화를 겪은 암석은 점차 토양으로 변화된다. 그러나 달의 경우 대기와 수분, 생물이 없기 때문에 지구에서 일어나는 풍화작용과는 확연하게 다른 과정을 겪는다. 대기가 없기 때문에 타버리지 않고 달 표면에 충돌하는 유성체는 표면의 암석을 기계적으로 분쇄해 작은 입자들로 만든다. 이때 유성체의 충격으로 온도가 높아지면 암석 조각에 들어 있던 규소 성분이 녹아 유리질의 구슬 형태로 변한다. 이후 유리질 구슬이 다시 굳는 동안 주변의 광물들이 달라붙으며 불규칙한 덩어리인 응결집괴암을 형성하는 교착 단계를 겪는다. 이 위로 태양에서 나오는 전하 입자들인 태양풍과 우주 먼 곳에서 날아오는 고에너지 우주선이 쏟아져 내리며 원자핵의 분열을 일으킨다. 따라서 달의 토양입자는 지구의 토양입자처럼 매끈하고 둥근 형태를 갖지 못하며, 원소의 조성 비율도 지구와 달라진다.

아폴로 미션에 참가한 우주 비행사들은 약 360kg의 토양 시료를 수집했다. 그러나 다양한 연구를 위해 사용하기에는 시료의 양이 부족했다. 가져온 시료는 NASA에서 엄중한 경비하에 보관하고 있다. 그러나 시료에서 얻은 자료와 탐사선이 조사한 정보를 바탕으로 달의 여러 토양과 유사한 성분과 물리적 특성을 나타내도록 배합한 인공 달 토양이 개발되어 상용화되었다. 달의 풍화작용을 모방한 분쇄 장치를 이용해 입자 크기 분포를 유사하게 만들었다. 화학적 성분은 달의 토양 성분과 유사한 함량을 가진 재료를 이용해 모방했다. 인공 달 토양은 인류가 달에 도착해 주거지를 건설할 때 달의 토양을 재료로 사용할 수 있는지 여부를 판단하는 연구에 주로 사용되었다. 이 외에도 달에 도착한 무인 탐사선이 정상적으로 주행할 수 있는지 테스트하는 용도로 쓰이고 있다. 우리나라에서도 한

국건설기술연구원은 이 분야에서 선도적인 역할을 하고 있다. 경기 철원의 현무암은 월면토와 조성이 가장 가까운 것으로 밝혀져 인공 달 토양을 만드는 데 쓰인다. 연구원에서는 반자동 설비를 이용해 하루에 150kg을 생산할 수 있는 수준에 이르렀다. 이렇게 만들어진 인공 달 토양은 달에 기지를 건설하기 위한 재료로도 사용할 수 있는지 확인하는 연구와, 탐사선의 주행 성능을 확인하는 연구에 사용되고 있다. 그러나 달의 토양에서 작물을 재배할 수 있는지 확인하려는 시도는 아직까지 많지 않았다.

지구의 토양을 살펴보면 고상, 액상, 기상의 3상으로 구성되어 있다. 간단하게 말해서 토양을 이루는 물질 중 고체인 것을 '고상'이라 부르고 액체와 기체인 것을 각각 '액상'과 '기상'이라고 부른다. 3상의 비율은 토양의 종류와 토양이 처한 환경 조건에 따라 달라진다. 고상에 속하는 것은 대표적으로 자갈이나 모래, 점토와 같이 풍화에 의해 생성된 무기물이 대부분이다. 지구의 토양에는 죽은 생물의 잔해가 토양 속에 섞여 있는 유기물이 미량 들어 있는 반면, 달의 토양에는 유기물이 존재하지 않는다. 토양 내의 유기물은 양분으로도 쓰이지만 토양의 물리적 구조를 작물 재배에 맞게 향상시키는 능력을 갖는다. 또한 수분 보유 능력을 향상시키고 토양 미생물의 먹이가 된다. 액상은 토양을 구성하는 액체 성분으로 주로 토양 내의 물을 의미한다. 지구상에서 토양 수분은 각종 양분과 산소 등을 용해시켜 지니고 있다. 그러나 달의 토양에는 인공적으로 주입하기 전까지 액상이 존재하지 않는다. 기상은 토양 내의 미세한 공간 사이에 들어 있는 기체를 말한다. 토양 입자 사이에 채워지지 않은 틈은 '공극'이라고 부른다. 달의 토양에도 공극이 존재하지만, 대기가 없기 때문에 기체조차 없는 빈 공간으로 이루어져 있다. 어떤 토양이 작물의 재배에 적합한지 확인하기 위해서는 고상이 가진 양분 함량을 알아야 하며, 공극의 양과 수분 공급 능력을 평가해야 한다. 달의 토양을 모사한 인공 달 토양은 인위적으로 물을 공급한 후 보유할 수 있는 능력을 가졌는지 확인하고, 뿌리의 호흡을 위해 공극에 산소를 보유할 수 있는지 파악해야 한다. 이 외에도 산성도가 적합한지, 덩어리진 토양 입자를 만들어 거대 공극을 만들 수 있는지 여부 등이 식물 재배에 적합한 토양인지 판별하는 기준이다.

2006년 우크라이나와 네덜란드의 연구진은 인공 달 토양에서 개척 작물을 재배하는 실험을 진행했다. 개척 작물로 실험에 사용된 것은 관상용으로 가치가 높은 만수국(마리골드) 종류였다. 개척 작물의 가장 큰 역할은 다음 작물을 재배하는 데 도움이 되도록 토양으로 들어가 유기물 함량을 높이는 것이다. 이때 연구진은 작물과 함께 달의 토양에 포함된 광물을 분해해 양분을 제공할 수 있는 세균을 사용했다. 미생물과의 협업으로 개척 작물은 식량으로 쓰일 2세대 작물을 재배하기에 적합한 비옥한 토양을 만드는 역할을 수행한다. 이후 2014년 네덜란드 와게닝겐대학교Wageningen University & Research의 연구진은 달과 화성의 인공 토양에 유기물을 혼합해 토마토, 무, 호밀, 시금치, 부추 등 농업에서 흔히 사용되는 작물을 포함해 14종의 식물을 50일 동안 재배했다. 이 실험에서는 지구의 광과 대기 조건을 조성했을 뿐 비료나 작물 생장에 도움이 되는 다른 물질을 추가하지 않았다. 그중 가장 잘 자란 작물은 토마토와 밀 종류였다. 세 종류의 작물은 꽃을 피울 수 있었고, 그중 두 종류의 작물은 종자까지 생산해 냈다. 그러나 달의 인공 토양보다는 화성의 인공 토양에서 여러 작물의 생육이 좋았다. 미량의 질산암모늄과 탄소가 생육에 도움이 되었다.

2020년대에 들어서 세계 각국의 연구진은 인공 토양과 유기물의 비율을 조정해 작물 재배에 적합한 전략을 찾기 위해 노력하고 있다. 달의 토양과 함께 화성의 토양을 인공적으로 재현해 화성 토양에서 작물을 재배하는 것이 가능한지 여부를 확인하는 중이다. 현재까지 연구 결과들은 적어도 달과 화성의 토양에서는 유기물을 보충한다면 작물을 충분히 재배할 수 있다는 희망적인 소식을 전해준다. 그러나 토양을 제외한 다른 환경 요인들은 달에서 작물을 재배하는 일이 쉽지 않다는 것을 보여준다. 극히 낮은 대기압과 극단적인 밤과 낮의 온도 차, 낮은 표면 중력 등은 아직도 해결해야 할 과제로 남아 있다. 만약 달에서 작물을 재배하는 최초의 시도가 벌어진다면, 인공적으로 건설된 밀폐 시설 내부에서 달의 토양만을 이용해 재배하는 방식이 될 가능성이 높다.

## 화성

화산 폭발은 인류가 맞이할 수 있는 가장 무서운 재해 중 하나다. 입자가 작은 화산재는 대기 중에 퍼져 나가 장기간 지구 환경에 영향을 미치며 큰 피해를 일으킨다. 작은 화산재는 동물의 호흡기에 침투해 병을 일으키거나 항공기 엔진의 고장을 일으키는 주범이다. 1991년에 폭발한 필리핀의 피나투보화산은 이러한 화산 피해를 확인할 수 있는 적합한 사례다. 폭발로 400명 이상의 사망자가 발생했으며, 생존한 주민들조차 화산재를 들이마신 후 폐렴을 앓았다. 그러나 식물에 대한 연구가 진행되면서 화산 폭발이 지구 생태계에 피해만 입히는 것은 아니라는 사실이 밝혀지고 있다. 여러 과학자가 피나투보화산이 폭발한 이후 6년 동안 전 세계의 활엽수림을 관찰했다. 과학자들은 대기 중에 흩뿌려진 화산재가 태양 광선을 차단해 식물의 광합성이 감소할 것이라 예상했다. 그러나 화산 폭발 1년 뒤 전 세계 활엽수림의 광합성은 21% 증가했으며, 시간이 지나면서 점차 감소해 화산 폭발 이전과 비슷해졌다. 최근 여러 학자는 이 현상이 발생한 원인으로 화산재로 인한 산란광의 증가를 지목한다.

빛의 산란은 대기 중에 떠다니는 입자에 의해 빛의 진행 경로가 변화하면서 일어난다. 빛의 파장보다 작은 입자와 충돌한 빛은 모든 방향으로 흩어지며, 가시광선의 경우 파장이 짧을수록 산란되는 정도가 커진다. 반면, 빛의 파장과 유사한 크기의 입자에 충돌한 빛은 진행 방향을 중심으로 원뿔 형태를 보이며 산란되고, 파장과 산란 정도의 관계가 줄어든다. 먼지나 꽃가루, 황사, 재 등은 공기 중에서 빛의 산란을 일으키는 대표적인 입자들이다. 실제로 피나투보화산이 폭발하고 1년이 지나자 대기 중의 화산재로 인해 태양의 직사광이 평소에 비해 15%가량 감소했고, 화산재에 의한 산란이 발생해 산란광의 세기는 두 배로 증가했다.

빛이 통과할 수 있는 어떤 매질에 한 방향에서 빛이 입사하면, 매질 내부에 있는 입자들에 의해 빛의 일부분이 흡수되어 반대 방향으로 빠져나오는 빛의 세기는 감소한다. 매질을 통과한 빛의 세기는 통과한 거리가 길어지거나, 매질의 농도가 높을수록 지수적으로exponential 약해진다. 이러한 현상을 수학적으로 정리한 것이 비어-람베르트Beer-Lambert 법칙이다. 1953년 일본의 몬시Misami Monsi와 사에키Toshiro Saeki는 잎이 우거진 식물을 빛이 통과하는 하나의 매질로 생각했다. 따라서 그들은 식물의 각 높이별로 달린 잎에 도달하는 빛의 양이 비어-람베르트 법칙을 따를 것이라는 가설을 세웠다. 실제로 잎에 도달하는 빛의 세기를 잎이 달린 위치별로 측정했을 때, 식물의 꼭대기에서 아래쪽으로 내려올수록 빛의 세기가 지수 함수적으로 감소했다. 또한 식물의 잎이 무성할수록 하단부에 도달하는 빛의 세기가 더 크게 감소해 농도에 관한 법칙을 잘 따르는 것을 확인했다. 이를 통해 빛이 활엽수림의 상단부에 달린 잎에 강하게 비치며, 하단부에 달린 잎에는 거의 도달하지 못하는 현상을 수학적으로 표현할 수 있었다.

그러나 태양이 떠 있는 방향에서만 입사하는 직사광과 달리, 산란광은 대기 중 여러 방향에서 입사해 비어-람베르트 법칙을 따르지 않는다. 우리가 태양을 바라보고 서면 직사광에 의해 뒤쪽에 그림자가 생긴다. 그러나 대기 중에 있는 입자들에 의해 산란광이 만들어지면 우리의 뒤통수와 등에도 약한 빛이

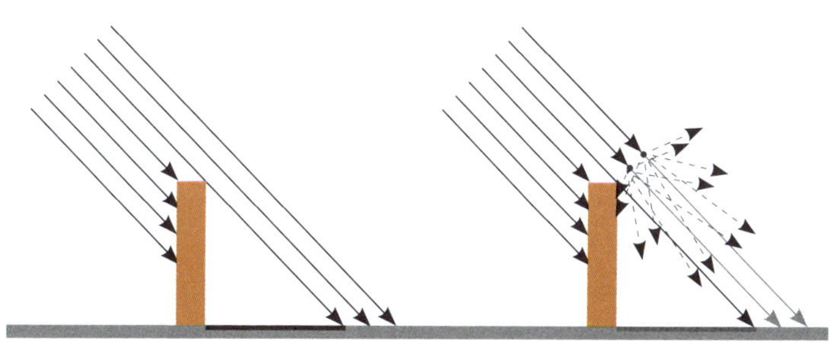

직사광이 만드는 진한 그림자(좌)와 산란광이 만드는 옅은 그림자(우)

도달하며, 그림자도 옅어진다. 이와 마찬가지로 산란광이 증가하면 식물에서도 하단부의 잎이나 빛이 비치는 반대편에 달린 잎에 더 많은 빛이 도달한다. 직사광에 비해 산란광이 강해지면 식물 전체에는 빛이 더 균일하게 도달하게 되는 것이다.

식물세포 안에서 광합성을 관장하는 엽록체는 빛을 받아들여 에너지를 얻고 다른 분자에 빛에너지를 전달할 수 있는 색소들로 이루어진 복합 구조를 가지고 있다. 전달된 에너지는 화학에너지로 변환되어 이산화탄소 분자들을 분해하고 결합시켜 탄수화물을 합성하는 데 사용된다. 색소들에 도달하는 빛이 강해지면 더 많은 에너지를 전달할 수 있어 빛의 세기에 비례해 광합성이 증가한다. 그러나 에너지를 전달하는 과정에 있는 색소들은 이전의 반응을 끝내고 새로운 빛을 받아들이기 위해 일정한 시간이 필요하다. 빛이 더 강해질수록 광합성 과정에 참여하지 않고 재정비하는 색소가 많아지면서 광합성이 점점 덜 증가하게 된다. 따라서 빛의 세기에 따른 광합성 변화는 포화 곡선의 형태로 나타난다. 식물의 상단부에 달린 잎은 직사광을 강하게 받기 때문에 광합성을 많이 할 수 있으나, 빛의 세기가 더 강해지더라도 광합성이 크게 늘어나지는 않는다. 반면, 직사광을 거의 받을 수 없는 식물 하단부에 달린 잎은 산란광의 효과에 의해 빛의 세기가 증가하면 광합성이 큰 폭으로 늘어난다. 따라서 직사광에 노출된 상태에서는 광합성을 거의

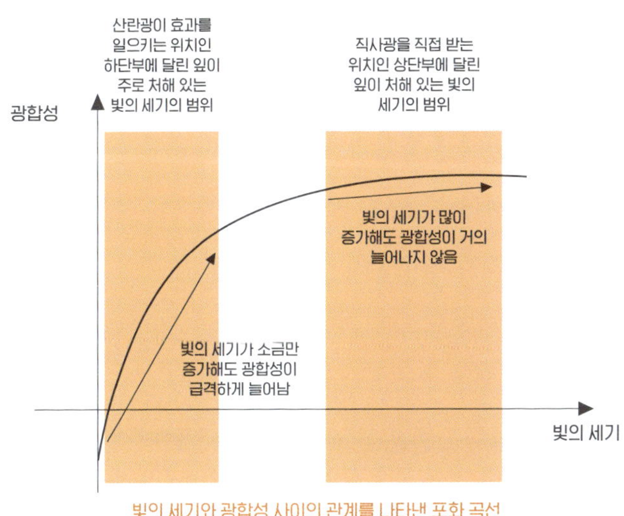

빛의 세기와 광합성 사이의 관계를 나타낸 포화 곡선

할 수 없었던 위치의 잎들이 광합성을 하면서 식물 전체의 광합성은 증가한다. 내부의 온도를 올리기 위해 유리나 비닐과 같은 피복재를 사용하는 온실에서는 산란광을 효과적으로 이용할 수 있다. 산란 유리의 대표적인 예는 주변에서 흔히 볼 수 있는 화장실 유리다. 유리 표면에 얇은 홈을 새겨 빛의 굴절 방향을 변화시키는 방식이나 유리 내부에 불순물을 첨가해 산란광을 발생시키는 방식 등으로 산란 유리를 제작할 수 있다. 산란 유리를 온실에 피복하면 직사광의 세기를 감소시키지만, 전체 빛 중 산란광의 비율을 늘려 온실 전체에 빛이 고르게 비치게 한다. 식물의 생산량을 최대로 늘리고자 온실 내부에 빼곡하게 식물을 재배하면 할수록 직사광선은 식물 하단부에 도달하기 어려워지고, 반대로 산란광의 침투 효과는 더욱 증가한다. 결과적으로 화산 폭발과 전 세계 숲의 광합성 증가의 연결고리를 산란광에서 찾을 수 있다.

다행스럽게도 지구상에서 가장 높고 큰 산은 화산이 아니다. 지구에서 해발고도가 가장 높은 산은 에베레스트산으로 5,000만 년 전 즈음 인도아대륙이 유라시아 대륙과 충돌하며 솟아오른 것이다. 두꺼운 두 대륙판이 충돌하면서 생긴 히말라야 지대는 대부분 과거에 바다에 쌓였던 퇴적층으로 이루어져 있다. 지구상에서 해발고도가 가장 높은 화산은 칠레와 아르헨티나 국경에 위치한 6,893m의 오호스 델 살라도Ojos del Salado 화산이다. 이 산은 활화산으로 내부에서 마그마의 움직임이 관찰되고 있다. 그러나 수중 화산까지 범위를 넓히면 오호스 델 살라도보다 해발고도가 2,700m 낮은 하와이의 마우나 로아Mauna Loa 화산이 더 큰 부피를 갖는다. 해저면에서 마우나 로아 정상까지의 높이는 약 10km에 달하고, 70만 년 동안 끊임없이 분화하며 높아져 왔다. 시야를 좀 더 넓혀 태양계에서 가장 큰 화산을 찾으려면 화성을 보아야 한다. 화성의 서반구에 위치한 올림푸스 몬스Olympus Mons는 태양계에서 가장 큰 화산으로 높이가 약 21km에 달한다. 크기가 어찌나 큰지 지구에서도 관측할 수 있어 화성에 탐사선이 가기 훨씬 전부터 인류는 이 산의 존재

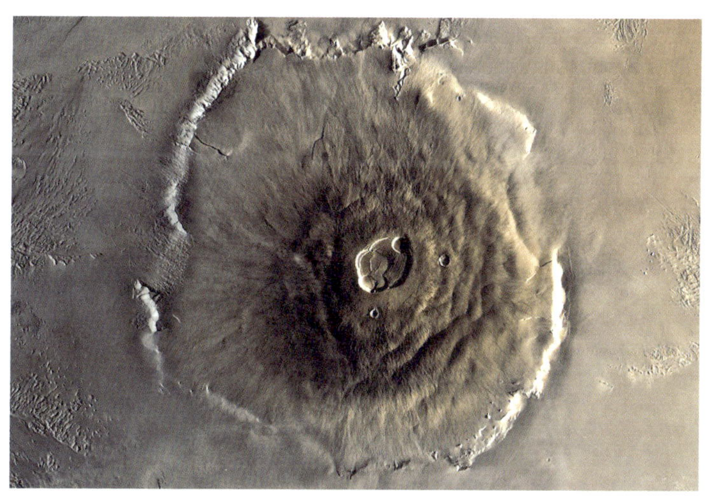

태양계에서 가장 큰 화산인 화성의 올림푸스 몬스

를 알고 있었다. 이 산은 비교적 젊은 화산으로 분류되며 2,500만 년 전에 마지막으로 분출했다. 게다가 아직도 폭발 가능성이 있는 것으로 보인다. 그러나 올림푸스 몬스가 폭발하더라도 지구에서 벌어지는 일과 유사한 일이 일어날지는 미지수다.

화성의 대기는 지구에 비하면 매우 희박한 상태다. 화성은 약 40억 년 전에 자기권을 잃었다. 초기에는 화성에 대기가 있었다 해도, 긴 시간 동안 태양풍에 의해 대기 입자들이 우주로 쓸려 나갔을 것이다. 현재 화성의 대기압은 올림푸스 몬스 정상에서 30Pa 수준이며, 대기압이 가장 높은 지역에서도 1,155Pa 정도다. 화성의 평균 대기압은 지구 표면의 대기압

101.3kPa에 비하면 0.6%에 불과하다. 지구에서는 노을이 질 때 두꺼운 대기를 통과하며 파장이 짧은 푸른빛이 산란되어 노란 빛과 붉은빛이 남아 우리에게 익숙한 붉은 석양을 만들어 낸다. 이렇게 공기 분자 크기의 미세한 입자에 의해 파장이 짧은 빛이 산란되는 현상을 '레일리Rayleigh 산란'이라 부른다. 반면, 대기가 희박한 화성은 먼지와 모래가 큰 영향을 미친다. 화성은 현재 지상의 대부분이 사막과 같은 상태다. 화성의 먼지는 태양광을 흡수하고 얇은 대기를 가열해 더 많은 먼지를 일으킨다. 화성이 태양에 가까워지면 거대한 먼지 폭풍이 시작되며, 최대 160km/h의 풍속을 나타내기도 한다. 먼지와 같이 크기가

스피릿 탐사선이 촬영한 화성의 푸른 석양

큰 물질에 의해 빛이 산란되는 현상을 '미Mie 산란'이라 부른다. 화성의 먼지투성이 대기를 지나온 태양광은 푸른빛이 주로 남게 되어 지구와는 다르게 푸른 석양을 만든다.

먼지가 자욱한 화성의 대기로 인해 푸른빛이 많아지면, 화성에서 식물을 재배할 때 지구와는 조금 다르게 자랄 수 있다. 식물이 광합성에 사용하는 빛은 여러 파장대에 걸쳐 있지만, 가장 효과적인 것은 붉은빛이다. 엽록소는 붉은빛에 가장 민감하며, 광합성의 에너지원으로 많은 양을 사용한다. 붉은빛을 받으며 자란 식물은 얇고 넓은 잎 형태를 만들고 키가 커진다. 그러나 붉은빛만 받으면 힘없고 축 처진 식물로 자랄 수 있다. 지구에 도달하는 태양광을 모방해 약간의 푸른빛을 섞어주면 식물은 정상적인 모양으로 자란다. 푸른빛은 파장이 짧아 큰 에너지를 가지며, 조금만 있어도 식물의 생육에 큰 영향을 미친다. 푸른빛이 많아지면 많아질수록 식물은 점점 더 진한 색의 두꺼운 잎을 갖게 되고, 크기가 작아진다. 만약 화성에서 태양광을 이용해 상추를 기른다면 삼겹살을 싸 먹기에는 조금 작다고 느낄지도 모른다. 그러나 토마토 같은 작물은 오히려 푸른빛이 많을 때 키가 커진다. 어쩌면 화성에서 기르기에 적합한 작물은 우리가 평소에 먹는 종류가 아닐지도 모른다. 그러나 화성에서 작물을 재배하는 길은 아직도 멀다. 지구상에 쏟아지는 태양광은 제곱미터당 1,000W 정도의 에너지를 갖는

붉은빛과 푸른빛의 비율을 다르게 해 재배한 상추의 모습

다. 반면, 화성 표면에 쏟아지는 태양광은 바이킹 탐사선이 착륙한 지점에서 제곱미터당 300W 수준으로 나타났다. 화성은 지구에 비해 어두운 환경이라는 말이다. 만약 화성에서 작물을 재배하려면 빛이 조금 적더라도 잘 자랄 수 있는 종류를 선택해야 한다.

마찬가지로 화성 대기의 극도로 낮은 압력 조건도 작물을 재배하기에 적합하지 않은 영향을 미칠 수 있다. 미국의 케네디우주센터와 캐나다의 겔프대학교University of Guelph 공동 연구진은 저기압 환경을 조성할 수 있는 챔버를 만들고 내부에서 21일 동안 상추를 재배하는 실험을 진행했다. 이 실험에서는 지구와 유사한 96kPa의 압력과 비교할 수 있도록 33kPa까지 감

저기압 상태에서 재배된 상추의 모습(Stutte 등, 2022)

압된 환경을 만들었다. 상추는 대기압이 낮아지자 잎이 38% 감소했고, 무게는 41% 감소했다. 대신 안토시아닌 색소의 함량은 25% 증가하는 결과를 보였다. 여러 식물에서 높은 온도나 수분 스트레스, 기계적 손상 등의 피해를 입으면 안토시아닌 색소를 만들어 낸다고 알려져 있다. 저기압 상태에서 재배한 상추는 아마도 스트레스를 받아 크기가 작아지고 색소가 더 많이 생겼을 것이다. 일본 도쿄대학교 연구진은 현미경으로 저기압 조건에서 자란 시금치의 기공을 확인했다. 지구상의 일반적인 기압 조건에서 자란 시금치에 비해 저기압에서 자란 시금치는 기공의 길이와 폭이 작았다. 저기압 상태에서 식물이 물을 대기 중으로 빼앗기지 않으려고 기공이 작아지는 것이다. 이런 여러 가지 이유로 화성의 대기에서 작물을 재배하면 지구에 비해 생산량이 많이 낮아질 것이다.

## 태양계 천체

### 금성

화성보다 지구에 더 가까운 금성은 크기와 질량도 지구와 비슷하기 때문에 지구의 쌍둥이로 묘사되곤 한다. 그러나 금성의 대기는 화성의 대기와는 완전히 딴판이다. 금성 표면의 대기압은 지구의 약 93배이며, 460℃의 높은 기온을 보인다. 높은 기온에서 짐작할 수 있지만, 금성의 대기는 96%가 이산화탄소로 되어 있다. 지구의 기후변화를 이끌고 있어 문제시되는 이 기체는 금성에서도 마찬가지로 심각한 온실효과를 일으킨다. 만약 금성에 대기가 없다면 영하 40℃ 정도의 기온을 나타내겠지만, 실제 금성의 표면은 찜통 같은 곳이다. 게다가 금성의 대기에는 고도 50~80km 되는 곳에 황산으로 된 구름이 짙게 드리워져 있다. 이 황산 구름은 아래로 쏟아지며 분해되지만, 분해된 물질이 다시 상승기류를 타고 구름 속으로 되돌아온다. 금성은 이 두꺼운 구름 때문에 태양광의 80%를 반사한다. 1970년 소련의 베네라 7호는 금성 표면에 착륙해 몇 가지 데이터를 지구로 전송했다. 그 전까지 많은 탐사선이 금성에 도착했지만, 제대로 작동하지 못하고 실패했다. 이후 1975년 소련의 베네라 9호와 10호가 금성의 표면에서 흑백 파노라마 사진을 찍었다. 금성 표면에 바위가 여럿 있는 것이 지구와 닮았지만 생명체가 살기에는 무리가 있었다.

우주 저편 어딘가 생명체가 있을 것이라 생각하는 사람들은 여러 천체의 환경에 대해 고민했다. 물론 금성에도 생명체가 있지 않을까 하는 기대감에 부푼 사람들이 있었다. 하지만 여러 탐사선이 보내온 금성 표면의 데이터들은 그들을 좌절시켰다. 이런 어려움 속에서도 희망의 끈을 놓지 않은 사람들이 있었다. 1967년 해럴드 모로위츠Harold Morowitz, 1927~2016와 칼 세이건Carl Sagan, 1934~1996은 금성의 대기 환경에서 가능성을 찾았다. 황산 구름이 시작되는 50km 높이의 금성 대기에서는 약 70°C의 기온과 1기압 상태가 만들어졌다. 구름 자체는 강한 산성을 띠었지만, 물을 함유하고 있기 때문에 생명체가 살 수 있는 가능성이 보였다. 지구상에도 화산 근처에 미생물들이 살고 있어 금성의 대기에 떠다니는 생명체가 존재할 것이라는 기대가 높아졌다. 2019년과 2020년 여러 천문학자는 금성 대기에 미생물이 존재할 수도 있다는 가능성이 담긴 다양한 관측 데이터를 발표했다. 금성 대기가 빛을 흡수하는 정도를 측정할 때 미생물이 흡수하는 것과 유사한 패턴이 나타났거나, 미생물이 주로 생성하는 유기 물질에 대한 간접적인 증거가 관찰되었다는 것이다. 그러나 아직까지 금성 대기에 떠다니는 생명체에 대한 직접적인 증거는 나타나지 않았다.

만약 인간이 금성에 거주해야 한다면 금성의 표면보다는

대기 중 적절한 고도에 거주지를 건설하는 것이 바람직하다. 제프리 랜디스Geoffrey A. Landis, 1955~는 NASA에서 근무하는 엔지니어인 동시에 여러 상을 수상한 SF 작가이기도 하다. 그는 『구름의 술탄The Sultan of the Clouds』이라는 단편소설에서 금성 대기층에 식민지를 건설할 수 있다는 개념을 녹여냈다.

> 1억 5,000만 ㎢의 구름, 10억 ㎦의 구름. 구름의 바다에 떠 있는 금성의 도시들은 지상의 여느 도시처럼 2차원에 국한되지 않는다. 도시를 지배하는 자들의 의지에 따라 위아래로 떠다닌다. 밝고 차가운 태양광이 비치는 곳까지, 뜨겁고 어두운 심연의 가장자리까지….

떠다니는 도시에 대한 생각은 문학 분야에서는 꽤 오래전부터 다뤄졌다. 기원전 8세기 말경 고대 그리스의 호메로스Homeros는 바다에 떠다니는 섬을 묘사했다. 하늘에 떠 있는 섬 도시 라퓨타Laputa는 조너선 스위프트Jonathan Swift, 1667~1745가 쓴 『걸리버 여행기』를 통해 유명해졌다. 그는 터무니없는 사이비 과학을 풍자하기 위해 '매춘부'를 뜻하는 이름을 붙였다. 그러나 천공의 도시 개념에 매료된 후대의 여러 작가가 이 개념을 다양한 방향으로 발전시켜 나갔다. 그중 대표적인 작가는 미야자키 하야오宮崎駿, Hayao Miyazaki, 1941~로, 〈천공의 섬 라퓨타天空の城ラピュタ,

Castle in the Sky〉라는 애니메이션을 제작해 후대의 수많은 작품에 영향을 미쳤다. 우리나라의 판타지 작가 이영도1972~도 영향을 받아 자신의 소설에서 하늘에 떠다니는 도시를 묘사했다.

NASA에서는 고고도 금성 탐사 계획High Altitude Venus Operational Concept, HAVOC을 세워 단계별로 금성에서 사용할 수 있는 부유 도시를 만들기 위한 제안을 내놓았다. NASA의 자료에 따르면, 금성의 대기 50km 높이에서는 지구와 유사한 대기압과 90% 수준의 중력, 제곱미터당 1,420W의 태양광 등 생명체가 살기에 적합한 환경이 조성되어 있다. 부유 도시를 만들기 위해 처음에는 750kg 정도의 무게에 가로로 31m, 세로로 8m 정도 되는 크기의 무인 비행선을 이용한다. 비행선에는 헬륨을 채워 금성 대기에 뜰 수 있게 한다. 비행선의 구동 에너지는 비

NASA의 고고도 금성 탐사 계획에 등장하는 부유 도시 상상도

행선 위쪽에 놓인 태양전지로 충당한다. 무인 비행선 탐사가 성공적으로 이루어지면 비행선의 크기를 네 배 이상 키워 유인 비행선을 만든다. 유인 비행선은 길이 130m에 높이 34m이며, 무게는 70t에 가깝다. 유인 비행선에서는 단계적으로 30일과 1년 동안 인류가 생존할 수 있는지 확인한다. 이후 건설될 식민지는 가로와 세로가 각각 500m가 넘는 풍선을 이용해 영구적으로 인간이 거주할 수 있게 한다.

랜디스는 풍선 내부에 지구 대기와 같이 질소와 산소를 채우면 무거운 이산화탄소로 이루어진 금성 대기에서 뜰 것이라 생각했다. 인류는 금성 대기에 떠다니는 풍선 내부에서 안락하게 살 수 있을 것처럼 보였다. 그러나 이러한 부유 도시를 만들기 위해서는 금성 대기에 있는 황산 구름에 부식되지 않는 재질의 풍선이 필요하다. 세라믹이나 금속 황산염이 황산 구름으로부터 내부를 보호할 수 있지만, 빛을 통과시키지 못하는 문제가 있다. 부유 도시 내부에서 식물을 재배하려면 빛을 통과하는 재질의 풍선이 필요하다.

## 목성

부유 도시의 개념은 목성을 비롯해 가스로 이루어진 여러 행성에도 적용할 수 있을 것처럼 보였다. 현존하는 가장 오래된 우주 단체인 영국행성간학회British Interplanetary Society에서는 1978년

다이달로스 프로젝트를 제안했다. 인류가 우주로 나아가기 위해서는 추진제 역할을 할 자원이 많이 필요하다. 목성의 대기에 있는 헬륨-3 성분은 이런 연료로 유용하게 쓰이기 때문에 부유식 공장을 세워 추출할 필요가 있다고 보았다. 그러나 목성의 대기는 암모니아 결정으로 이루어진 구름이 짙게 드리워져 있으며, 빠른 기류로 복잡한 무늬를 보인다. 목성의 대기는 지구에 비하면 매우 불안정한 상태라고 할 수 있다. 목성 남쪽에는 1831년 이후 계속해서 관측되어 온 초대형 소용돌이인 대적점이 위치하고 있다. 지구보다 크기가 큰 대적점 외에도 목성 대기에는 소용돌이가 여러 개 존재한다. 100m/s 이상의 강풍이 부는 목성의 대기에 구조적으로 안정적인 부유 도시를 건설할 수 있는지 여부는 아직까지 불확실하다.

또한 목성은 태양계 행성 중에서 가장 강한 자기장을 가지고 있다. 지구에서는 자기장이 우주에서 날아오는 방사선을 차폐한다. 달이나 화성은 자기장이 아주 약하기 때문에 우주 방사선을 막을 수 없어 표면에 있는 생명체가 피해를 입을 가능성이 높다. 또한 자기장의 세기가 식물의 생육에 어떤 영향을 미칠지에 관한 연구도 미진한 상태다. 노르웨이의 연구진에 따르면, 우주에서 식물이 여러 세기의 자기장에 영향을 받아 어떤 반응을 보일지 연구한 사례가 없고, 지상에서 이루어진 일부 사례만 알려져 있다고 한다. 독일의 연구진은 자기장이 아주 약하거나 전혀 없는 환경에 놓인 식물은 미토콘드리아의 형태가 변형되거나, RNA와 단백질의 합성이 감소되는 문제가 생겼다고 보고했다. 반대로 자기장이 강해지면 자기장의 방향을 따라 작물의 생육이 좋아졌다. 귀리 싹은 6mT(밀리테슬라)의 세기를 가진 자기장에서 길렀을 때 가장 크게 성장했다. 또한 여러 작물에 강한 자기장을 주면 중력과 마찬가지로 굽어 자랄 수 있었다. 이런 현상은 세포 내부에 존재하는 전분과 세포질이 자기장에 반응하는 정도가 다르기 때문에 일어나는 것으로 보인다. 목성의 강한 자기장은 최대 2mT 정도까지 높아지는 것으로 알려져 있다. 목성 표면에서 작물을 재배하려면 자기장의 영향을 먼저 파악해야 한다.

한편, 여러 학자는 목성에 사람이 살 수 있는 거주지를 만들기 위해 목성 자체보다는 목성이 가진 수많은 위성을 이용할 생각을 하고 있다. 목성의 위성 중 가장 큰 가니메데는 태양계에서 아홉 번째로 큰 천체로 심지어 수성보다 크다. 그러나 많은 학자가 주목하는 목성의 위성은 지구의 달보다 약간 작은 유로파다. 유로파는 주로 규산염 성분의 암석으로 되어 있어 지구와 유사한 지각을 가지고 있으며, 미량이지만 산소가 주성분인 대기까지 존재하는 것으로 알려졌다. 안타깝게도 유로파 표면의 온도는 적도 지역에서 평균 영하 160℃로 매우 낮다. 유로파의 표면은 화강암만큼이나 단단하게 굳은 얼음으로 덮여 있다. 하지만 유로파 내부에는 액체 상태의 물이 풍부할 것으로 여겨진다. 이처럼 차가운 행성에 얼음이 아닌 액체 상태의

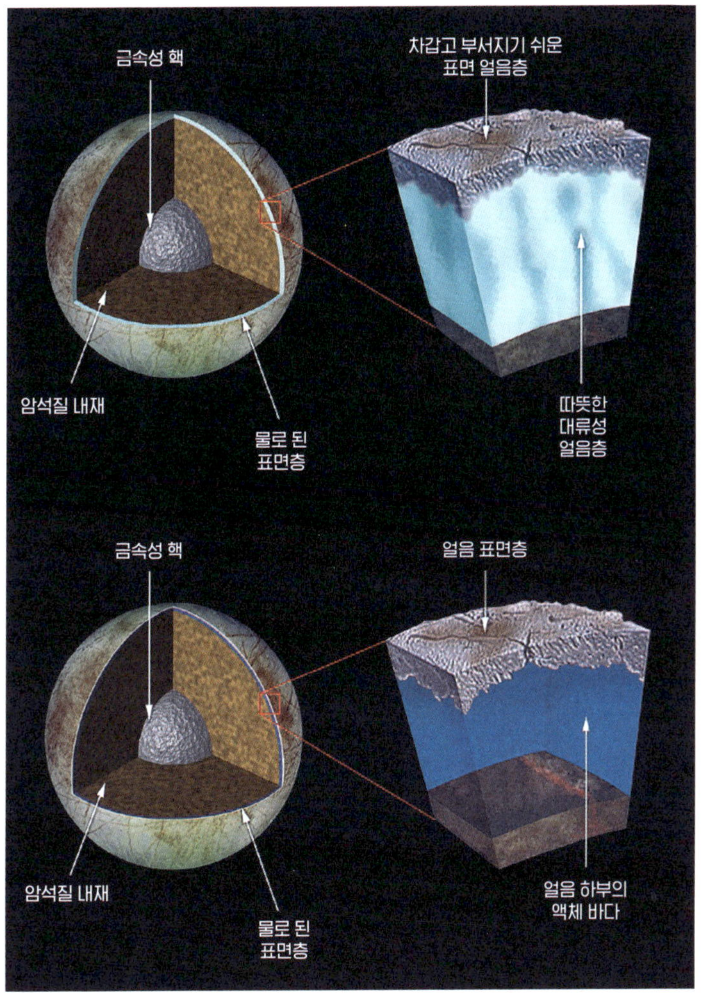


유로파의 바다를 설명하기 위한 두 가지 모델의 사례

물이 존재할 수 있는 것은 목성 주변을 도는 유로파에 가해지는 조석력 때문이다. 유로파는 목성과 가까워지고 멀어지기를 반복하면서, 조석력에 의해 내부가 뒤틀리고 마찰이 일어나며 열이 발생해 액체 상태의 물이 유지될 수 있는 것이다. 이런 유로파의 내부 구조에 대한 여러 모델이 제안되고 있으며, 최대 100km 깊이의 바다가 존재하는 모델도 만들어졌다.

아직까지 유로파에 생명체가 존재하는지 여부는 밝혀지지 않았지만, 인간이 거주할 수 있는 후보 천체로 급부상하고 있다. 유로파의 해저에는 지구와 마찬가지로 화산 활동으로 뜨거운 물이 분출되는 지역이 있을 것이다. 유로파 해저에 인간이 거주할 수 있는 식민지를 건설하면 이러한 열에너지를 적극적으로 활용하게 될 것이다. 아마도 유로파에서 작물을 재배하려는 사람들은 지구상에서 해저 기지에 작물을 재배하는 것과 유사한 방식을 택할 가능성이 높다. 하지만 낮은 중력과 거의 존재하지 않을 태양광에 대한 원만한 해결책이 선행되지 않으면 유로파에서 작물을 재배하는 일은 어려울 것이다.

## 태양계 외부 천체

2009년 개봉한 제임스 카메론James Cameron, 1954~ 감독의 〈아바타Avatar〉는 놀라운 시각효과와 음악으로 역대 2위의 수익을 올린 영화가 되었다. 〈아바타〉는 제82회 아카데미 시상식에서 아홉 개 분야에 수상 후보가 되었으며, 세 개 분야에서 수상하는 쾌거를 이루었다. 이 영화 이후 3D 영화의 인기가 치솟았고, 영화 산업을 넘어 3D TV 등 가전 산업에까지 큰 영향을 미쳤다. 카메론 감독은 여러 SF 소설과 영화에서 감명을 받아 〈아바타〉의 스토리를 구상했다고 말한다. 영화에서는 주로 제국주의에 대한 비판과 심층 생태학의 개념에 기반해 생명의 가치를 피력하는 사건들을 다룬다.

2154년 지구에서는 천연자원이 고갈되어 버린다. 자원 개발청은 알파 센타우리 항성계에 위치한 판도라 행성에서 귀중한 광물인 언옵타늄을 채굴하려고 한다. 판도라 행성의 대기는 인간이 숨 쉬기에 적합하지 않았고, 키가 3m에 달하며 푸른 피부를 가진 나비Na'vi라는 생명체가 살고 있었다. 나비족은 지성이 있는 생명체로 자연과 조화를 이루며 살아가는 사회를 구축하고 있었다. 인류는 나비족과 교류하고자 '아바타'라고 불리는 하이브리드 개체를 이용했다. 아바타 프로그램의 책임자인 그레이스 어거스틴 박사(시고니 위버 분)는 나비족에게 영어를 가르치는 학교를 설립하고 평화로운 관계를 옹호하는 인물이다. 어거스틴 박사는 판도라 행성의 자생식물에 대한 최초의 천체식물학astrobotany 저서를 남긴 업적으로 유명한 사람이기도 하다.

천체식물학 분야는 우주 환경에서 식물을 재배할 수 있는지 알고 싶어 하며, 외계 천체에서 자생하는 식물이 존재하는지 연구하는 식물학의 하위 분야다. 식물 자체에 집중하는 천체식물학 분야에서 연구한 많은 자료는 우주 농업을 가능하게 하는 기술로 응용되고 있다. 우주에서 식물을 재배하는 데 첫 번째 난관은 무중력 상태에서 정상적으로 식물이 자라게 만들기 어렵다는 것이다. 지구 환경에 적응하며 진화한 식물은 우주의 무중력 환경에서 뿌리 발달이 정상적으로 이루어지지 않거나, 토양에서 여러 미생물과 상호작용하던 기능이 정상적으로 이루어지지 않았다. 다음으로 어려운 점은 우주 공간과 여러 지구 밖의 천체에 형성된 기압과 온도 환경이 식물의 생존에 적합하지 않다는 점이다. 이를 해결하기 위해 밀폐된 환경을 만들 수 있는 여러 장치와 구조물을 이용해 식물 재배 기술에 관한 연구를 진행하고 있다. NASA에서는 장기간 임무를 수행하는 우주 비행사들에게 식량을 제공하고 정서적 안정을 유도하기 위해, 우주에서 식물을 재배할 수 있는 기술 개발에 많은 투자를 하고 있다.

천체식물학 연구자들은 지구 바깥의 여러 천체에 식물이 존재하는지 탐사하기 위해 많은 노력을 기울이고 있다. 식물 안에 존재하는 엽록소는 가시광선 영역에 해당하는 대부분의 빛을 흡수한다. 하지만 700nm 이상의 파장을 나타내는 근적외선 범위의 빛은 거의 흡수하지 않고 통과시킨다. 근적외선은 열을 전달하는 데 많은 역할을 수행하는 빛이기 때문에, 이런 현상은 광합성을 하는 동안 식물체가 과열되는 것을 막기 위해 진화한 것으로 여겨진다. 농업 분야뿐 아니라 생태학 분야를 연구하는 학자들은 이 특성을 이용해 지구상의 식생을 조사하고 있다. 1960년대 이후 인공위성에서 관측된 지구 표면의 근적외선 데이터는 지구상의 기후변화를 조사하고, 토양의 수분 함량을 측정하며, 식생의 종류를 알아내는 데 쓰여왔다. 여러 파장대의 빛은 식물의 생리적 활동과 관련된 여러 정보를 전달하는 매개체가 되기 때문에 귀중한 자료라고 할 수 있다. 천체식물학에서는 식생 적색 경계vegetation red edge, VRE라는 개념이 있다. 이 개념은 다른 행성을 적외선으로 관측해 식물이 존재하는지 여부를 판단하는 데 사용된다.

소련의 천문학자 가브릴 아드리아노비치 티코프Gavriil Adrianovich Tikhov, 1875~1960는 풀코보 천문대에서 오래 일한 학자로, 여러 천체의 분광 특성을 쉽게 조사할 수 있는 분광기를 개발했다. 그는 행성 표면의 관측을 원활하게 수행할 수 있도록 콘트라스트를 높이기 위해 컬러 필터를 사용한 최초의 천문학자였다. 그는 천체식물학 책임 연구자로 태양계 내의 천체에 생명체가 존재할 가능성을 찾는 연구를 수행했다. 그는 이런 작업을 식생 검색Vegetation searches이라 불렀고, 이후의 천체식물학

랜드샛 5Landsat 5 위성에서 촬영한 남부 플로리다의 식생 적색 경계 이미지

연구자들에게 많은 영향을 주어 '천체식물학의 아버지'로도 불린다. 1993년 칼 세이건과 동료 연구자들은 목성과 그 밖의 태양계 천체를 탐사하는 갈릴레오 탐사선에서 얻은 적외선 데이터로 광범위한 영역에 존재하는 생명체 활동을 알아낼 수 있다고 제안했다. 여기서 말하는 생명체는 특히 식물일 가능성이 높다. 갈릴레오 탐사선 이후 여러 천체 망원경과 탐사선이 식생 적색 경계를 관측할 수 있는 장비를 탑재했다. 천체식물학 분야는 태양계 바깥에 존재하는 여러 천체에도 적외선 관측을 수행해 생명체의 존재를 알아내고자 노력하고 있다.

2021년 발사된 제임스 웹 우주 망원경James Webb Space Telescope은 적외선 영역을 관측하는 우주 망원경으로, 허블 우주 망원경의 뒤를 이어 활발하게 임무를 수행하고 있다. 제임스 웹 우주 망원경은 물병자리 방향으로 지구에서 40광년 떨어진 TRAPPIST-1을 적외선으로 관찰하고 있다. 1999년 존 히지스John Gizis와 동료들이 발견한 이 왜성은 목성보다 약간 크고, 일곱 개의 행성을 거느리고 있다. 76억 년 정도 된 것으로 추정되는 이 왜성이 거느린 행성 중 e, f, g로 이름 붙여진 것에 생명체가 존재할 가능성이 보인다. 왜성에서 적당한 거리에 있는 이 행성들 중 TRAPPIST-1e와 f에 가장 높은 확률로 액체 상태의 물이 존재할 것으로 보이고, 대기가 형성되어 있으리라 여겨진다. 하지만 태양과 달리 왜성은 식물체가 광합성하기에 충분한 양의 광선을 만들지 못할 가능성이 높다. 여러 연구자는 이 왜성의 행성에 생명체가 존재할 것이라는 예측에 회의적이다. 하지만 TRAPPIST-1 외에도 수많은 외계 태양계와 이에 딸린 행성들이 생명체가 살 수 있는 환경을 가졌을 것이라 예상하고 있다. 제임스 웹 우주 망원경을 비롯한 여러 천문대에서 적외선 관측을 통해 생명체를 찾는 작업은 계속될 것이다.

태양계 바깥의 외계 행성에서 생명체가 발견된다면 그 자체로 놀라운 과학적 발견이다. 아마도 왜성과 같이 약한 빛을 내는 천체에 의존해 살아가는 식물은 빛을 더 많이 흡수하는 쪽으로 진화했을 것이고 인간의 눈에는 더 어둡고 검게 보일

국제우주정거장에서 재배한 상추의 모습

것이다. 태양과 다른 파장의 빛을 내는 항성 주변을 공전하는 행성에서는 반대로 푸른 파장의 빛을 이용하는 식물이 진화했을지도 모른다. 천체식물학에서 먼저 외계 행성에 생명체가 존재하는지 여부를 파악하려는 것은, 기본적인 물리화학적 원칙에 따라 지구의 식물을 옮겨 심어도 그 환경에서 자랄 가능성이 높기 때문이다. 현재까지 우주로 이송되어 재배가 가능한지 여부를 파악한 식물의 목록은 아래와 같다.

애기장대, 청경채, 왜성 밀, 아포지 밀, 배추, 벼, 튤립, 칼랑코에, 아마, 양파, 완두콩, 무, 상추, 밀, 마늘, 오이, 파슬리, 감자, 딜, 양상추, 시나몬 바질, 양배추, 백일홍, 미즈나, 레드 로메인 상추, 해바라기, 물고사리류C-Fern, *Ceratopteris richardii*, 숲개밀*Brachypodium distachyon*.

2019년 중국에서 달에 보낸 '창어 4호' 달 탐사선은 밀봉된 실린더 안에 여섯 가지 유형의 생물을 가지고 갔다. 이 장치는 달에서 식물과 곤충이 발아하고 부화할 수 있는지 확인하기 위한 것이었다. 실린더에는 목화와 감자, 유채, 애기장대의 종자와 효모, 초파리의 알이 들어 있었다. 착륙한 뒤 몇 시간 동안 24°C의 내부 기온을 만들어 주자 12일째 되던 날 목화씨가 발아하는 것이 확인되었다. 그러나 달에 태양광이 닿지 않는 밤이 되면서 외부 기온이 영하 52°C로 떨어졌고, 발아 실험을 더 이상 지속할 수 없었다. 비록 실패로 돌아간 실험이었지만, 인류는 여기에서도 천체식물학에 관한 여러 지식을 쌓았다. 우주로 식물을 내보내기 위한 다양한 노력은 지금도 지속적으로 이루어지고 있으며, 극한의 환경을 개척하기 위한 여러 농업 기술은 이 과정에서 큰 역할을 수행하고 있다.

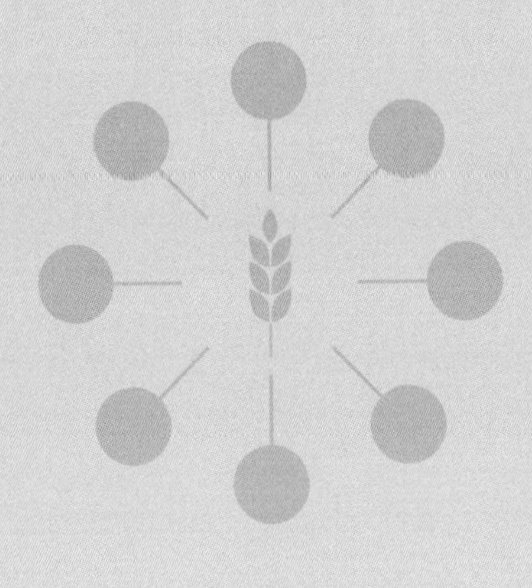

제3장

# 우주 농업, 우주 개척의 발판을 마련하다

“숨 쉴 공기도 없는 사방이 꽉 막힌
움직일 수도 없는 우주로 보내진 강아지”
_델리스파이스, 〈우주로 보내진 라이카〉

## 생명지원시스템

1957년 10월 소련의 바이코누르 우주기지에서 인류 최초의 인공위성인 스푸트니크가 발사되었다. 스푸트니크 1호는 금속으로 된 구형의 물체로 네 개의 안테나를 달고 짧은 비프음을 송신하는 기능만 가지고 있었다. 당시 소련과 미국 사이에서 총성 없는 전쟁인 냉전이 지속되고 있었기 때문에 인공위성의 발사는 의미심장한 일이었다. 스푸트니크의 비프음 삐삐 소리는 두 강대국 사이의 긴장을 조이는 역할을 했고, 대의보다는 순수한 경쟁심리에 의해 벌어질 우주 경쟁의 서막을 알렸다. 소련이 핵미사일을 발사하면 미국에서 막을 수 없다는 핵전쟁에 대한 공포가 퍼졌고, 높은 수준의 과학기술에 대한 강렬한 열망이 서방 국가들을 덮쳤다. 혼란하고 험악한 시대를 살아온 세계인들은 후대에 이르러 냉전의 폐허 속에서도 과학기술의 꽃이 피어난 것을 위안으로 삼고 있다.

소련은 최초의 인공위성 발사에 만족하지 않았고, 불과 한 달여 만에 스푸트니크 2호를 준비해 발사했다. 스푸트니크 2호에는 '쿠드랴프카(곱슬이)'라는 이름의 살아 있는 개가 타고 있었다. 최초의 우주견인 쿠드랴프카는 품종명인 '라이카Laika'로 널리 알려졌다. 라이카는 모스크바 거리를 떠돌던 개로, 굶주림과 추위에 강할 것이라는 연구원들의 의견에 따라 선발되

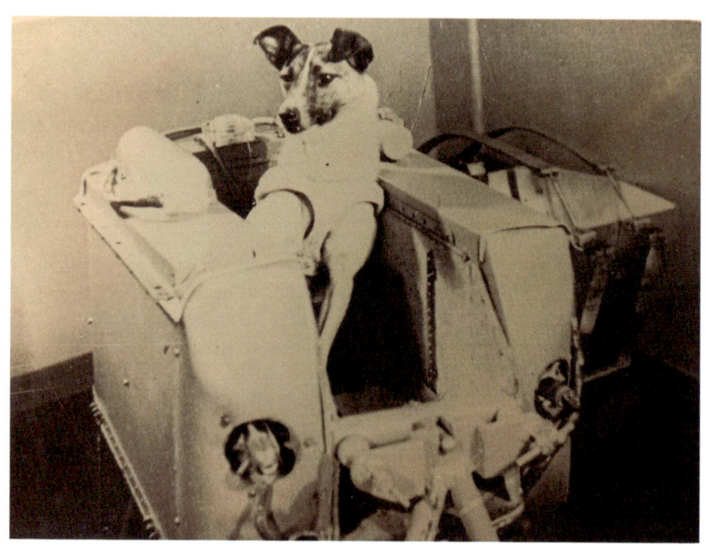

최초의 우주견 라이카

어 훈련을 거쳤다. 우주로 쏘아 올려진 라이카는 발사 당시의 과열과 진동에 의한 스트레스로 심박 수가 평소의 두 배 이상으로 치솟았으나, 3시간 정도 무중력에 적응한 이후 다시 평상시와 같아져 먹이를 찾아 먹을 수 있는 상태가 되었다. 그러나 라이카는 당시 기술력의 한계로 우주에서 다시 지구로 귀환할 수 없는 운명이었다. 연구원들은 일주일 정도의 시간이 흐른 뒤 독약이 든 먹이로 라이카를 안락사시킬 작정이었다. 그러나 긴 시간이 흘러 밝혀진 라이카의 사망 원인은 고온이었다. 지구 궤도를 네 차례 도는 동안 선실이 과열되었던 것이다. 안락사를 위한 장치도 제대로 마련되어 있지 않았다. 지구를 벗어난 지 불과 일곱 시간이 지나지 않은 시점이었다. 제한된 시간 내에 온도를 조절할 수 있는 시스템을 만드는 것이 불가능했다고 당시에 참여한 연구원이 증언했다. 이 증언으로부터 라이카의 희생은 예견된 일이었다는 것을 짐작할 수 있다. 이후 몇 차례의 실패를 겪으며 발전한 스푸트니크 5호는 탑승한 개 두 마리와 쥐들을 무사히 귀환시켰다. 1961년 미국에서는 '햄'이라는 이름의 침팬지를 우주에 보냈고, 햄은 성공적으로 지구로 귀환한 최초의 영장류가 되었다. 우주선 내 온도가 정상보다 세 배 높아지고, 발사 과정에서 지구 중력의 17배를 견뎌야 했지만, 햄이 입었던 특수 우주복은 생명을 살리는 데 큰 역할을 해냈다.

우주 경쟁은 동물을 희생시키는 일련의 실험 비행으로 끝나지 않았다. 같은 해 4월 12일, 27세의 유리 가가린Yuri Gagarin, 1934~1968 소령은 보스토크 1호를 타고 유인 우주 비행에 최초로 성공했다. 5t 정도 되는 보스토크 1호는 109분 동안 지구 궤도를 선회하며 우주 공간에서 그의 생명을 유지시키는 역할을 했다. 그러나 귀환하는 과정에서 설비 모듈이 분리되지 않아 제어할 수 없게 된 캡슐이 2초에 한 번씩 회전하며 진동했다. 다행히 대기권에 재진입하는 과정에서 마찰로 인해 모듈이 떨어져 나가며 정상적으로 귀환할 수 있었다. 소련은 최초의 인공위성, 생명체, 그리고 인간을 우주로 보내는 데 선취권을 가져갔고, 자존심이 상한 미국은 인류 최초로 인간을 달에 보내기 위한 계획을 세웠다. 아폴로 1호는 사령선의 화재로 대원 세 명의 목숨을 앗아 갔지만, 이후 여러 차례의 성공적인 단계를 밟아나갔다. 아폴로 계획은 마침내 아폴로 11호에 이르러 지구 외의 천체에 인류의 족적을 남기는 쾌거를 이루었다. 인류는 최초의 성공에 안주하지 않고, 계속된 유인 우주 비행 계획을 진행해 나갔다.

이후에도 유인 우주 비행은 다양한 문제를 일으키며 진행되었다. 1994년에 영화로 만들어져 널리 알려진 아폴로 13호는 대원들이 얼마나 위험한 상황을 겪게 되는지 보여준 극적인 사례다. 아폴로 13호의 우주선은 달 착륙선과 사령선, 보조선이 모인 세 개의 모듈 구조로 되어 있었다. 보조선에는 엔진과 연료실, 대원들의 생명을 유지시키는 산소와 물 공급 장치 등이 들어 있었다. 1970년 4월 13일 우주선이 달에 가까워져 가던 중, 산소 탱크가 갑작스럽게 폭발해 임무를 수행할 수 없는 상태가 되었다. "휴스턴, 문제가 생겼다"라고 널리 알려진 표현은 이때 사령관 짐 러벨James Lovell Jr., 1928~2025이 보고한 것이다. 대원들은 달 착륙선에 구비된 독립된 생명 보조 장치를 가동시켰고, 가능한 한 산소와 전기를 덜 쓰기 위해 사투를 벌였다. 게다가 달 착륙선의 작은 규모에 비해 대원이 너무 많았기 때문에 소변을 처리하지 못하고 선내에 모아둘 수밖에 없었다. 만약 소변을 우주선 밖으로 내보냈다면 궤도가 변경되어 귀환에 실패했을지도 모르는 일이었다. 사흘간의 위험천만한 비행 끝에 대원들은 영웅으로 귀환했고, 이후에는 산소 탱크와 환풍기 시스템이 전부 교체되어 동일한 사고가 발생하지 않았다. 이렇듯 우주 공간에서 생명체를 살리기 위한 기술의 발전은 많은 희생 위에 이루어졌다.

생명지원시스템life support system, LSS은 우주에서 임무를 수행하는 인간의 생명을 유지하고 지원하는 시스템을 의미한다. 극도로 낮은 온도와 기압, 지구와 다른 중력 등 생명체의 생존에 불리한 극단적인 환경을 개선해 생명을 유지시키는 장치를 모두 생명지원시스템으로 간주한다. 따라서 침팬지 햄이 입었던 우주복, 우주 비행사들이 입은 우주복도 넓은 의미의 생명지원시스템이며, 그들이 타고 나간 우주선 자체도 생명지원시스템이다. 나아가 행성 표면에 건설되어 인간이 거주할 건축물도 생명지원시스템으로 볼 수 있다. 최근에 생명지원시스템은 대부분 우주에 건설될 기지를 의미하는 것으로 받아들여지고 있다.

짧은 기간 동안에만 임무를 수행하고자 할 때 사용하는 생명지원시스템은 인간의 생명에 필수적인 공기를 조성하고 내부 기온을 유지시키는 기능만 수행한다. 그러나 우주 탐사를 위해 장기간에 걸친 임무가 늘어나면서 생명지원시스템에 물 정화 및 공급 기능과 대원을 위한 식량 생산 기능이 추가되었

생명지원시스템의 주요 영역

| 생명 지원 영역 | 대상 |
|---|---|
| 공기 조성 관리 | 공기 조성, 온습도, 압력, 공기 오염, 환기 등 |
| 용수 관리 | 생활 용수, 음용수, 폐수 등 |
| 식량 생산과 보관 | 식량 |
| 폐기물 관리 | 폐기물 수집·보관·재처리 |
| 대원의 안전 | 화재 감지, 감압, 방사능 차폐 등 |

다. 따라서 생명지원시스템은 공기 조성 관리, 용수 관리, 식량 생산과 보관, 폐기물 관리, 대원의 안전 등을 모두 고려해 만들어진다. 생명지원시스템의 주요 영역은 공기 조성과 용수, 식량 생산과 보관, 폐기물 등을 관리하는 데 초점이 맞춰져 있다. 또한 내부에서 생활할 대원의 안전을 보장하기 위한 다양한 장치를 구비해야 한다.

생명지원시스템은 시스템 내부에서 자원이 흐르는 방향에 따라 크게 세 종류로 구분할 수 있다. 개방형open loop 생명지원시스템은 초기에 투입된 자원을 대원이 사용한 후 폐기물로 배출하는 흐름을 갖는다. 발생한 폐기물은 임무 수행 중 시스템 외부로 배출하거나 압축 등의 과정을 거쳐 시스템 내부에 보관하고 임무 종료 후에 회수한다. 앞서 나온 아폴로 13호에

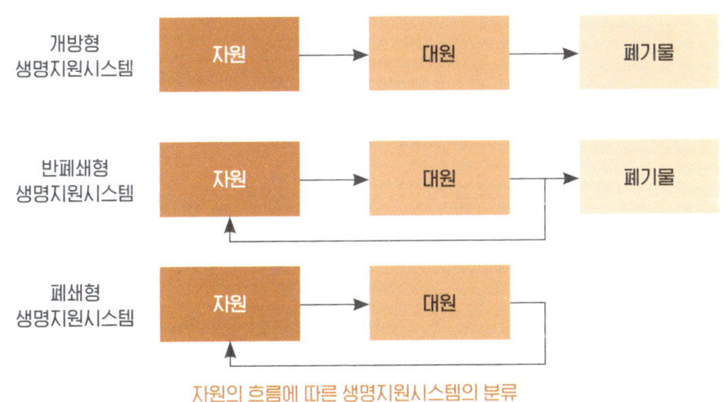

자원의 흐름에 따른 생명지원시스템의 분류

서 소변을 모아두던 방식이 이에 해당한다. 개방형 생명지원시스템은 자원의 흐름이 일방적이므로 구축에 비용이 적게 들고 특별히 어려운 기술이 사용되지 않는다는 특징이 있다. 따라서 짧은 기간 동안 우주 탐사 임무를 수행하거나 보급을 쉽게 할 수 있는 경우에 유용하다. 그러나 개방형 생명지원시스템은 임무 수행 기간이 길어질수록 초기에 대원들이 지참해야 하는 자원의 양이 늘어나는 문제점을 갖는다. 임무 수행에 100일이 걸린다면 그 기간 동안 대원들이 먹을 음식을 전부 싣고 출발해야 하는 것이다. 1981년 처음 발사되어 한동안 미국에서 사용하던 우주왕복선은 무게 1kg의 발사체를 쏘아 올리기 위해 약 7,800만 원이 들었다. 2010년대에 사용되고 있는 팰컨 9Falcon 9 로켓은 1kg을 쏘아 올리기 위해 180만 원이 드는 수준까지 발사 비용을 낮추는 데 성공했다. 그러나 발사 비용이 아무리 낮아져도 최초 발사 시점에 장기간 섭취할 음식을 싣고 출발하려면 무게와 부피에 대한 비용이 증가해 부담을 일으킨다.

반폐쇄형semi-closed loop 생명지원시스템에서는 사용한 자원에서 발생하는 폐기물의 일부분을 재처리해 대원들이 사용할 수 있는 자원으로 변환한다. 따라서 장기간에 걸친 우주 탐사 임무 수행을 위해 초기에 지참해야 하는 식량 등 자원의 양이 감소하는 효과를 누릴 수 있다. 1970년대부터 우주선과 우주정거장에는 식물을 재배하기 위한 장치들이 장착되었다. 소련에서는 우주정거장 살류트호에 오아시스 시리즈와 바존, 말라카이트, 미르호에 SVET 등의 식물 재배 장치를 설치해 운영했다. 미국에서는 우주왕복선에 PGU, PGF, 아스트로컬처 등의 장치를 설치했고, 국제우주정거장에서는 BPS, 라다, 베지 등의 장치를 설치해 운영해 왔다. 2010년대에 이르기까지 대부분의 우주선용 식물 재배 장치는 재배 면적이 $0.1m^2$를 넘지 못했다. 국제우주정거장의 대원들은 우주에서 가장 최신 버전인 베지VEGGIE를 이용해 루꼴라 상추를 재배해 먹을 수 있게 되었다. 이러한 식물 재배 장치 덕분에 대원들이 우주에서 임무 수행을 위해 식량을 전부 싣고 가지 않아도 된다. 또한 식물을 재배하

국제우주정거장에 설치된 식물 재배 장치 베지

는 과정에서 대원들이 발생시킨 이산화탄소를 제거하고 발생하는 산소를 이용해 자원을 재처리할 수 있다. 최근 운영되고 있는 국제우주정거장 등의 유인 우주 시설은 대부분 반폐쇄형 생명지원시스템을 이용하고 있다. 그러나 반폐쇄형 생명지원시스템에서도 처리가 불가능한 폐기물 등이 발생하고 있으며, 이러한 폐기물은 모아서 지구로 보내는 방식을 이용하고 있다.

가장 발달한 형태의 생명지원시스템은 폐쇄형closed loop 생명지원시스템으로 불리며, 대원들이 사용한 모든 자원을 폐기물을 남기지 않고 모두 재처리한다. 대원의 수가 일정하다면 폐쇄형 생명지원시스템은 임무의 기간에 구애받지 않고 대원의 생명을 유지시킬 수 있다. 그러나 폐쇄형 생명지원시스템에 탑재되어야 하는 폐기물 재활용 기술 등 고도화된 기술이 반드시 필요하기 때문에 구축을 위한 비용과 기술 수준이 높은 것이 특징이다. 현재까지 완전한 형태의 폐쇄형 생명지원시스템은 구축된 적이 없으며, 필요한 기술들도 모두 확보되지 않았다. 그러나 지구 외의 천체에 인간이 거주하려면 반드시 달성해야 할 목표이기도 하다.

## 물질의 순환

인간은 아주 작은 존재이기 때문에 지구가 얼마나 큰지 잊는 경우가 많다. 인간은 지구로부터 다양한 자원을 얻어 생활하고 있지만, 그 방대한 양이 고갈될 것이라는 생각은 좀처럼 하지 않는다. 그러나 언젠가는 지구에 있는 모든 자원을 다 꺼내서 사용할 날이 올 것이다. 중동 지역에서 주로 시추하는 화석연료가 대표적 사례다. 이러한 문제를 걱정하는 사람들은 자원의 재활용에 관심이 많다. 이미 사용한 적 있는 물질이라도 여러 방식을 이용해 다시 사용 가능한 자원으로 만들 수 있다. 간단하게는 쓰레기를 버릴 때 재활용품 분리배출부터 시작한다. 지구라는 큰 행성의 관점에서 볼 때, 다양한 물질이 이미 지구상에서 순환하고 재사용되고 있다. 생물지구화학적 순환은 어떤 원소가 지구의 각 위치를 옮겨 다니며 빙빙 도는 현상을 말한다. 바다에서 증발한 물이 대기에서 구름을 만들고, 구름에서 쏟아진 비는 계곡과 강을 거쳐 다시 바다로 돌아가는 물의 순환이 가장 쉬운 예시다. 물 외에도 탄소, 질소, 산소 등이 지구 곳곳에서 순환하고 있다. 생명지원시스템의 구조에 따라 지구에서 일어나는 순환과 유사한 일들이 벌어지기도 한다. 우주에서 임무를 수행하는 대원들의 생명 유지를 위해 사용해 온 생명 지원 기술들은 물품이 어디에서 유래했는지를 기준으로 다음의 네 가지로 분류할 수 있다.

• 임무 수행 중 소비할 모든 물품을 임무 수행 시작 시

지참

- 임무 수행 도중 소비할 물품 보급
- 생명 유지에 필요한 물자 재사용
- 행성 등의 현지 자원을 수급해 활용

인류가 최초로 지구 외의 천체에 발을 딛게 된 아폴로 11호의 경우 발사부터 다시 지구에 도착하기까지 총 8일의 시간이 걸렸다. 그다지 길지 않은 기간이었기 때문에 필요한 모든 물품은 임무 시작 시 우주선에 적재되었다. 아폴로 11호 이전에 진행된 유인 임무와 그 이후로 이어진 모든 아폴로 계획에서도 마찬가지로 임무 수행 중 필요한 물품을 초기에 가져갔다. 간혹 달에서 토양을 수집해 온 경우가 있으나, 연구 목적으로 가져온 것일 뿐 현지에서 수급한 물품은 아니었다. 이러한 형태의 생명지원시스템은 개방형에 속한다.

우주까지 나가지 않더라도 지구에서 격리된 채 장기간 임무를 수행하는 사례들이 있다. 남극의 탐사 기지나 군사 목적의 잠수함 등이 이에 속한다. 남극에는 다른 지역과 달리 현지에서 수급할 만한 물품이 많지 않다. 물이 얼지 않는 여름철에 담수호의 물을 정수 처리하거나, 겨울철에는 바닷물을 담수화해 사용하는 정도가 전부다. 세계 각국에서 운영 중인 남극 기지들은 주기적으로 본국이나 근처의 국가로부터 보급한다. 우리나라의 세종 기지에서는 기지 운영을 위한 기본적인 물품의 정기 보급을 1년에 한 번 실시하고, 수시 보급은 신선 식품이나 급하게 필요한 장치 등이 주품목일 때마다 이루어진다. 군사 목적으로 운영하는 잠수함의 경우에도 한번 잠항을 시작하면 한 달 이상 보급이 없는 상태로 지내는 경우가 많다. 영국의 HMS 워스파이트 잠수함은 수면 위로 올라오지 않고 111일간 잠수한 기네스 기록을 가지고 있다. 하지만 오랜 기간 동안 임무를 수행하더라도 주기적으로 항구에서 물품을 보급하는 것이 일반적이다. 우주로 나가면 국제우주정거장에서 임무를 수행하는 대원들이 있다. 국제우주정거장에서도 임무 수행을 위해 6개월 정도에 한 번씩 지구로부터 물품을 보급받는다. 국제우주정거장은 1998년부터 현재까지 계속 운영되고 있으며, 앞으로도 큰 문제가 발생하지 않는 한 계속 운영될 것으로 보인다. 이러한 형태의 생명지원시스템은 반폐쇄형에 속한다.

그러나 국제우주정거장에서 임무를 수행하는 것보다 더 오랜 기간 동안 임무를 수행해야 하는 경우가 곧 생길 예정이다. 인류는 계속해서 화성에 사람을 보내려 생각해 왔다. 스페이스X의 창업자 일론 머스크Elon Musk, 1971~는 화성에 사람을 보낼 수 있는 가능성이 가장 높은 인물이다. 2016년 그는 화성에 2026년까지 100만 명이 거주할 수 있는 도시를 만들겠다고 선언한 이후, 많은 관심을 받고 있었다. 최근에는 여러 난관에 봉착해 2029년까지 화성 유인 탐사 계획이 늦춰질 것으로 예상하고 있다. NASA에서는 조금 더 보수적인 계획을 세우고 있다. 2030년대 말부터 2040년대 초까지 두 명의 대원을 보낼 계획을 추진 중이다. 그러나 지구와 화성 사이의 거리를 고려한다면 화성에 처음으로 방문하는 대원은 왕복 500일 정도가 걸리는 임무를 견뎌내야만 한다. 이렇게 장기간의 임무가 시작되면 대원에게 필요한 물품을 처음부터 모두 싣고 가거나 중간에 보급하기가 어려워진다. 이때부터 대부분의 생명지원시스템은 물질을 순환시키는 방식으로 자원을 재활용하기 시작한다. 모든 물질을 순환시키며 재활용한다면 완전한 폐쇄형 생명지원시스템이 될 것이다.

만약 인류가 화성에 식민지를 건설하더라도, 애초에 화성에 풍부하지 않은 현지 자원을 활용할 수는 없는 노릇이다. 화성은 지구보다 태양에서 멀리 떨어져 있기 때문에 표면 온도가 조금 더 낮다. 화성에도 물이 존재한다는 사실이 여러 탐사를 통해 밝혀졌지만, 대부분은 얼음의 형태로 극지방이나 지층에 묻혀 있다. 인류가 화성에 도시를 건설한다면, 현지 자원으로 이러한 얼음을 캐서 활용할 수 있다. 그러나 화성의 대기는 96%가 이산화탄소이며, 대기압도 600Pa 정도로 매우 낮기 때문에 산소가 풍부할 것이라고 기대하기는 어렵다. 따라서 가까운 시일 내에 이루어질 장기간의 우주 탐사는 반드시 대원들이

자원 순환 루프 폐쇄 정도에 따른 상대적 보급 질량(Tremblay, 1994)

| 단계 | 자원 순환 수준 | 상대적 보급 질량(%) |
|---|---|---|
| 0 | 개방형 | 100 |
| 1 | 폐수 재활용 | 45 |
| 2 | 이산화탄소 흡수 | 30 |
| 3 | 이산화탄소로부터 산소 재생 | 20 |
| 4 | 폐기물 재활용을 통한 식량 생산 | 10 |
| 5 | 누출 제거 | 5 |

자원을 재활용하는 경우를 가정하고 계획을 세운다.

물질의 순환을 통해 자원을 재활용하는 폐쇄형 생명지원 시스템은 자원이 순환하는 루프가 얼마나 '닫혀' 있는지에 따라 필요한 자원의 양이 달라진다. 개방형 생명지원시스템에서 단계적으로 폐쇄형 생명지원시스템으로 변하는 과정에서 시스템에 보급해야 하는 물질의 양이 감소하는 것을 볼 수 있다. 폐수를 재활용하는 수준의 기술은 보급 질량을 개방형에 비해 45%까지 감소시킬 수 있다. 기체 중 이산화탄소를 흡수해 산소까지 재생해 만들어 낼 수 있다면, 시스템에 공기를 추가로 공급하지 않아 상대적 보급 질량을 20% 수준까지 낮출 수 있다. 대원들이 발생시킨 폐기물을 모두 재활용해 식량을 생산할 수 있는 수준까지 도달하고, 기기의 틈과 같은 곳에서 외부로 누출되는 물질까지 제거한다면 개방형에 비해 보급을 5% 수준으로 낮출 수 있다. 폐쇄형 생명지원시스템에는 이렇듯 다양한 물질의 순환을 일으킬 수 있는 기술들이 쓰인다.

현재까지 운영된 다양한 생명지원시스템에서는 물질을 재활용하기 위해 몇 가지 기술을 사용해 왔다. 대부분은 물리적인 필터를 사용하거나 화학적 반응을 일으키는 물질 재활용 기술이었다. 여기에는 여과나 증발, 촉매분해, 광분해, 전기분해 등의 방식들이 속한다. 간혹 식물의 광합성 등 생물을 이용하는 방식이 제안되었지만, 실용적으로 도입되지는 않았다. 반폐쇄형 또는 폐쇄형 생명지원시스템은 폐기물을 재활용하는 원리에 따라 두 가지로 구분할 수 있다. 물리화학적 재생physicochemical regenerative 생명지원시스템은 폐기물의 재활용에 물리적 또는 화학적, 열역학적 방법을 사용한다. 대원이 호흡하며 발생하는 이산화탄소를 제거해 시스템 내부의 농도를 유지하려는 목적으로 제올라이트 광물 등의 흡착 특성을 활용하거나, 물의 정화를 위해 멤브레인 필터를 사용하는 것이 이러한 사례에 해당한다. 물리화학적 재생 생명지원시스템은 폐기물의 재활용에 생물을 이용하지 않는다. 반면, 생물학적 재생bioregenerative 생명지원시스템은 폐기물의 재활용에 생물을 활용

자원 순환을 위한 물질 재생 적용 기술

| 자원 순환 분야 | 물질 재생 적용 기술 |
|---|---|
| $CO_2$ 환원 | 보슈법(Bosch), 사바티에법(Sabatier), 탄소 형성 반응기(carbon formation reactor), 광 촉매법, 전기분해법, 촉매분해법, 자외선 광분해법, 식물 광합성 |
| $CO_2$ 제거 | 분자 체(molecular sieve), 전기화학적 탈분극 농축기(electrochemical depolarization concentrator, EDC), 고체 아민수 탈착법(solid amine water desorption, SAWD), 광화학 반응, 수산화 리튬 반응(LiOH), 전기 반응성 운반체, 식물 광합성 |
| $O_2$ 생성 | 정적 급탕 전기분해법(static feed electrolysis), 수증기 전기분해법, $CO_2$ 전기분해법, 현지 자원 활용, 식물 광합성, 극저온 저장, 고압 저장 |
| 소변 재처리 | 열전 일체형 막 증발법(thermoelectric integrated membrane evaporation system, TIMES), 순간 증발법, 진공 증류법, 진공 열분해법, 생물 촉매 반응기, 공기(심지) 증발법, 소변 전기분해법, 증기 압축 증류법(vapor compression distillation, VCD) |
| 폐수 재처리 | 역삼투법(reverse osmosis, RO), 다층 여과법, 초미세 여과법, 초임계 습식 산화법(super critical wet oxidation, SCWO), 산화법, 식물 재배 |
| 고형 폐기물 재처리 | 압축 및 저장, 고열 소각법, 습식 산화법, 초임계 습식 산화법, 전기화학적 소각법, 생물학적 분해법, 광촉매 산화법 |

한다. 대원이 호흡해 발생하는 이산화탄소를 제거하는 목적으로 광합성을 수행하는 식물이나 조류를 이용하며, 대원의 소변 등을 식물 재배를 위한 양액으로 활용하는 등 재활용 과정에

생물이 직접 사용된다. 그러나 물리화학적 재생 방식에 비해 제각기 다른 특성을 보이는 생물을 이용하기 때문에 정교한 제어가 불가능하다는 단점이 있다. 또한 생물의 생존을 위한 환경 조성에 필요한 기술이 다방면으로 필요하다는 점도 제작에 어려움을 주고 있다. 그러나 생물은 대원의 음식으로 활용될 수 있기 때문에 우주 임무 기간이 길어질수록 중요성이 높아진다. 곧 우주로 진출하게 되는 인류는 물리화학적 재생 생명지원시스템과 생물학적 재생 생명지원시스템을 섞어서 사용하게 될 것이다.

## 기체의 재활용

지구의 대기는 78.1%의 질소, 20.9%의 산소, 0.9%의 아르곤, 400ppm 내외의 이산화탄소 등 다양한 기체로 구성되어 있다. 이 중 생물이 주로 활용하는 것은 산소와 이산화탄소로 호흡과 광합성에 중요한 역할을 맡는 성분들이다. 이 외에도 1% 내외의 수증기는 응결되어 구름을 만드는 등 기상 현상을 일으키는 물질로 작용한다. 지구 대기의 전체 질량은 약 5Zg(제타그램)으로 대류권, 성층권, 중간권, 열권 등 여러 층으로 분리되어 있다. 지구의 대기 속에서는 수많은 생명체가 호흡과 광합성을 하고 있다. 끊임없이 지각과 해양으로 기체를 교환하지만 아무리 막대한 양이라도 이로 인해 조성이 급격하게 변하지는 않는다. 그러나 지구의 대기를 모방해 좁고 밀폐된 공간에 담아둔 생명지원시스템 내부의 대기는 항상 일정한 조성을 보이지 않고 수시로 변화한다. 생명지원시스템 내부에서 새로운 기체가 발생하는 것은 인간을 비롯한 생명체의 호흡과 광합성 등 생명 활동에 따른 것이다. 생명체의 수와 종류가 달라진다면 발생하는 기체의 양과 종류도 달라질 수 있다.

생명지원시스템 내에서 기체를 재활용하려면 우선 실내에 존재하는 기체의 정확한 양을 측정해야 한다. 국제우주정거장이 운영되기 시작한 이후 현재까지도 선내의 기체 농도를 측정하기 위한 시스템은 계속 작동하는 중이다. 캘테크Caltech가 운영하는 제트 추진 연구소Jet Propulsion Laboratory, JPL에서는 선내의 대기를 모니터링하기 위한 장치를 고안하고 지속적으로 성능을 개선해 왔다. 분필 한쪽 모서리에 수성 사인펜으로 점을 찍고 얕은 물이 담긴 통에 세워두면 사인펜의 잉크가 여러 색으로 분리되는 현상을 볼 수 있다. 크로마토그래피chromatography라고 불리는 이 방식은 여러 가지 물질이 이동하는 속도에 따라 분리되는 성질을 이용한 것이다. 기체 크로마토그래피 방식은 선내 대기를 모니터링하는 기기의 기본적인 원리다. 기체 크로마토그래피 기기는 선내에 섞여 있는 기체들을 분리할 수 있으며, 질량을 분석할 수 있는 장비와 함께 작동해 각 기체의 질량

우주 프로그램 운영 시 $CO_2$ 분압별 대원 노출 가능 시간(NASA/SP-2010-3407)

| $CO_2$ 분압(Pa) | 대원 노출 가능 시간 |
|---|---|
| 0 ~ 653 | 무기한 |
| 667 ~ 707 | 30일 |
| 720 ~ 787 | 7일 |
| 800 ~ 1,000 | 24시간 |
| 1,013 ~ 1,320 | 8시간 |
| 1,333 ~ 1,987 | 4시간 |
| 2,000 ~ 2,653 | 2시간 |
| 2,666 ~ 3,986 | 30분 |
| 4,000 ~ 5,320 | 초과 금지 |
| 5,333 ~ 10,119 | 위험 구역 |
| 10,133 이상 | 긴급 상황 |

을 측정하는 데 쓰인다. 2012년 국제우주정거장에 설치된 대기 모니터링 장치는 1년에 한 번 정도 보급을 받는 조건에서 선내 대기의 주요 성분인 질소, 산소, 아르곤, 이산화탄소 등을 90% 이상 감지해 냈다. 이후 발전된 형태의 대기 모니터링 장치는 보급받아야 하는 기체 사용을 없애 장기간 작동이 가능해졌다.

달 탐사를 염두에 두고 개발되었으므로 달의 대기에서도 작동할 수 있다. 이러한 선내 기체 모니터링 장치는 공기 입자 10억 개 중 한 개 분량을 나타내는 단위인 ppb 수준까지 기체의 양을 측정할 수 있다.

NASA의 마셜우주비행센터Marshall Space Flight Center에서는 선내의 기체를 재활용하기 위해 물리화학적 재생 방식을 사용하는 계획을 마련했다. 이 계획에서는 대기를 조성하는 주요 기체 외에도 미량의 오염물질이나 부유 입자 물질, 즉 먼지까지 고려하고 있다. 가장 중요한 목표는 기체 사이의 균형을 유지하는 것이며, 이 과정에서 발생하는 전력 부하량을 최소화하기 위한 세부 목표가 설정되어 있다. NASA에서는 우주 임무를 수행하는 대원들의 건강을 위해 선내 공기 질에 관한 기준을 제시하고 있다. 여러 기체 중 이산화탄소는 고농도로 선내에 쌓이면 대원들의 호흡에 문제를 일으킬 수 있다. 이산화탄소 분압이 653Pa 이하인 대기에서 대원은 무기한 임무를 수행할 수 있지만, 5,500Pa 이상인 대기에서 대원은 생명이 위험할 수 있다. 이산화탄소가 고농도로 농축된 곳에 장시간 머무르면 인간의 호흡 중추가 자극되어 산소 결핍이 발생한다. 고농도의 이산화탄소에 노출되면 강한 호흡곤란이나 안면 홍조, 두통 등의 증상이 나타나며, 장시간 노출되는 경우 생명에 지장을 받기도 한다. 지구상에서는 고농도의 이산화탄소에 노출되더라도 대피할 공간이 충분하거나 환기를 통해 이산화탄소를 제거할 수 있다. 고속도로를 장시간 운전하다가 졸음이 몰려오면 차량의 창문을 열어 주기적으로 환기하라는 안내가 나오는 것도 바로 이산화탄소 때문이다. 그러나 우주에 설치된 생명지원시스템의 밀폐된 실내에서는 고농도의 이산화탄소를 인위적으로 제거해야만 한다. 만약 대원들이 점점 더 격한 신체 활동이 필요한 임무를 수행한다면, 이산화탄소의 발생량과 발생 속도가 늘어날 것이다. 따라서 선내에 더 많아진 이산화탄소를 처리할 수 있는 방식을 채택해야 한다.

프랑스의 노벨 화학상 수상자인 폴 사바티에Paul Sabatier, 1854~1941는 황과 금속 황산염에 대해 열화학반응을 연구하는 학자였다. 1897년 미국에서 발표된 생화학 연구를 접한 그는 촉매를 이용하면 수소와 이산화탄소를 400℃의 고온과 3MPa의 고압 조건에서 물과 메탄으로 변환시킬 수 있다는 사실을 알게 되었다. 촉매로는 루테늄이나 로듐과 같은 금속이 쓰일 수 있지만, 경제적인 이유에서 니켈이 널리 쓰였다. 이 반응은 사바티에 반응Sabatier reaction으로 알려졌으며, 연료인 메탄을 생성하기 위해 합성 가스 공장에서 주로 사용되었다. 그러나 생명지원시스템에서는 메탄의 생성보다 이산화탄소를 재료로 활용하고 물이 생성된다는 점에 더욱 주목했다. 대원의 호흡으로 발생한 이산화탄소는 물을 전기분해 해서 얻은 수소와 반응해 메탄을 생성하고 다시 물을 생성한다. 사바티에 반응을 활용한 소형 이산화탄소 환원 반응기는 국제우주정거장에 설치되어 추진을 위한 연소용 메탄을 얻는 동시에 이산화탄소 제거에 효과적인 기능을 하고 있다. 이 방식은 자체적으로 물을 생성하는 반응이기 때문에 지구에서 소량의 물을 가지고 출발하더라도 장기간의 임무에 물을 공급할 수 있다는 장점을 갖는다. 만약 대기 중 이산화탄소 농도가 높은 화성 등에서는 현지 대기의 이산화탄소를 활용할 수 있는 기술로 주목받고 있다. 최근에는 니켈을 대체할 그래핀 소재의 촉매 등이 개발되었으며, 화성 탐사를 마치고 돌아올 우주선의 연료로 메탄을 생성하기 위해 사바티에 반응을 활용하려는 시도를 하고 있다.

그러나 사바티에 반응 등 이산화탄소를 선내 대기에서 제거하기 위한 반응들을 교란시키는 문제의 기체가 있었다. 수증기는 여러 기체를 재활용하는 과정에서 응결되어 배관에 문제를 일으키거나 화학반응의 효율을 떨어뜨렸다. 수증기가 응결되어 물이 되는 온도는 압력 조건에 따라 달라지지만 항상 이산화탄소의 응결 온도에 비해 높았기 때문에 이산화탄소에 불순물로 섞여 들어가곤 했다. 순수한 화학반응을 유도하기 위해 대기 중에서 수증기를 응결시켜 제거하는 수냉동 제습 장치를 도입했다. 수냉동 제습 장치는 냉매를 압축시키거나 팽창시키는 과정을 거치며 대기의 온도를 이슬점보다 낮게 만들어 수

증기를 응결시키는 방식으로 일상에서 사용하는 에어컨과 작동 방식이 동일하다. 그러나 지구 대기와 유사한 대기압과 영하 18℃ 이하의 온도에서 수증기가 응결되는 것이 아니라 얼음으로 얼어붙어 제습 효율이 떨어진다는 단점을 갖는다. 가정집 냉동실에 성에가 발생하는 것과 같은 문제가 우주 공간에서는 흔하게 일어나는 것이다. 국제우주정거장 등에서 이용하는 제습 장치는 동결되는 물을 회수할 수 있는 물리적인 방법으로 제상 운전 기능을 도입하고 있다. 그러나 중력이 약한 경우에는 물을 수집하는 데 어려움이 발생할 수 있다.

일본의 우주항공연구개발기구JAXA에서는 국제우주정거장에서 사용되는 기체 재활용 시스템의 또 다른 문제를 지적했다. 다양한 이산화탄소 분리와 재활용 방식에서 폐기물로 수산화리튬이 발생한다는 점이다. 수산화리튬은 전기 자동차의 배터리에 활용되는 물질로 널리 알려져 있지만, 높은 부식성을 보여 위험성이 크다. 만약 수산화리튬에 인체가 직접 노출된다면 눈과 피부, 소화기관 등에 화상을 입을 위험이 있다. 또한 국제우주정거장에서는 산소를 생성하기 위해 과염소산염을 분해하거나 알칼리수를 전기분해하는 장치를 활용하고 있다. 과염소산은 불꽃놀이용 폭약이나 성냥 등 폭발성 물질로 알려져 있으며, 인체에 노출되는 경우 갑상선암 등을 유발할 수 있는 물질이다. 기체를 재활용하는 장치가 안전한 상태로 유지된다면 큰 문제가 발생하지 않겠지만, 장기간에 걸친 우주 임무 수행 중에 미량의 독성 물질이 선내에 누출된다면 대원은 큰 피해를 입을 수 있다. 따라서 생명지원시스템에 배치될 물리화학적 재생 방식의 기체 재활용 장치는 위험성이 낮고 독성 물질을 생성하지 않아야 한다. JAXA는 이러한 문제를 해결하기 위해 고체 고분자 물질을 이용한 수전해 방식의 장치를 고안하고 있다. 전기분해 방식으로 산소를 발생시키는 과정에서 과불화술폰산 고분자 물질을 전해질로 사용하면 독성 물질의 발생이 적게 일어난다는 장점이 있다.

생명지원시스템 내부의 이산화탄소를 제거하고 산소를 발생시키려는 시도는 생물을 이용하는 방향으로 나아가고 있다. 식물의 가장 큰 특징으로 알려진 광합성은 이산화탄소를 이용해 포도당을 생성하고 산소를 발생시키는 생물학적 반응이다. 그러나 고등식물 외에도 광합성을 수행해 기체의 재활용에 사용할 수 있는 다양한 생물이 있다. 김이나 파래와 같은 조류는 해양 생태계에서 광합성을 통해 이산화탄소를 고정하는 중요한 생물이다. 조류는 고등식물을 사용할 때에 비해 작은 크기의 장치를 만들더라도 광합성을 충분히 수행할 수 있다. 가장 많은 연구가 진행된 조류는 클로렐라Chlorella 속에 속하는 것들로, 성장이 빠르고 배양 조건이 까다롭지 않다는 장점이 있다. 클로렐라는 바닷물이 아닌 담수에서 서식하는 단세포

녹조류다. 클로렐라의 배양에는 필요한 산소와 이산화탄소 농도 조건, 온도, 배지 조성, 광 주기, 광 스펙트럼, 광도 등 다양한 환경 조건에 대한 연구가 진행되어 있어 연구자들이 선호하는 조류가 되었다. 아직까지는 미래 식품으로 가능성이 있는지 확인하기 위해 수행된 연구들이 대부분이기 때문에 우주에서 기체의 재활용에 활용할 수 있는지 여부는 많이 검증되지 않았다. 콜로라도대학교 볼더 캠퍼스의 연구자들은 NASA에서 제안한 우주 탐사 대기 조성 조건인 8.2psi 대기압과 34%의 산소 농도 조건을 만들 수 있는 클로렐라 광생물반응기를 제작했다. 이 장치는 클로렐라의 배양 조건을 지키면서 8.2~14.7psi의 대기압을 만들어 내는 성과를 보였다. 연구진은 이러한 광생물반응기 장치가 천체 궤도상의 우주정거장이나 천체 표면의 기지에서 충분히 작동할 것으로 예상하고 있다. 조류는 기체의 재활용에 유용한 데다 폐수를 처리하는 용도로 사용될 수 있으며, 광합성 결과물을 축적해 식품을 생산하는 용도로도 활용되는 등 다방면으로 각광받는 생물이다. 그러나 현재까지 생물학적 재생 생명지원시스템의 연구는 물리화학적 재생 생명지원시스템에 비해 미진한 상태라는 문제가 있다. 또한 클로렐라를 활용한 식품이 맛이 없기 때문에 식품으로서 가치가 떨어진다는 점이 가장 큰 문제점으로 지적되고 있다.

## 액체의 재활용

일상을 보내는 인간은 상당한 양의 물을 사용하고 있지만 얼마나 사용하고 있는지 정확하게 파악하고 있는 경우는 드물다. 서울시에 거주하는 만 30~59세 기혼 여성 1,000명을 대상으로 한 온라인 패널 조사 결과, 일평균 샤워 0.9회(평균 17.5분), 세면 4.1회(평균 5.5분), 설거지 2.7회(평균 15.1분), 양치 3.3회, 변기 4.3회를 이용하고, 세탁은 주당 4.4회를 이용한다는 답변이 나왔다. 일상생활 속에서 많은 사람이 물을 소중한 자원으로 인식하고 있으며, 정부와 지자체 등에서 물 사용량을 절감하기 위한 다양한 사업을 추진하고 있다. 물 재생 기술은 물 사용량을 줄이기 위한 여러 방식을 포함하고 있다. 일상생활에서 인간이 발생시키는 물은 중수(회색수)gray water와 폐수(흑수)black water로 구분된다. 폐수는 많은 양이 발생하지 않지만 대변 등 처리가 어려운 폐기물이 많이 함유된 더러운 물을 말한다. 폐수를 처리하는 것은 고도의 기술과 장치를 필요로 하며 주로 공공 기관에서 담당하고 있다. 반면, 중수는 샤워나 설거지 후 발생하는 물 등으로 폐수에 비해 양이 많지만 덜 오염된 물을 의미한다. 중수는 여러 처리 과정을 거쳐 식수로 이용할 정도로 깨끗한 물을 얻을 수 있지만, 대부분 약간의 처리 후 변기 용수, 청소 용수, 냉각수 등으로 이용된다. 중수 활용의 가치는 경제성에서 크게 드러난다. 사람이 마실 수 있는 상수 1t을 생산하는 데 드는 비용에 비해 재사용이 가능한 중수 1t을 생산하는 데 8분의 1 수준이면 충분하다. 중수 처리에 주로 사용되는 방식은 유기물의 농도에 따라 달라진다. 유기물의 농도가 높을 때는 미생물 등을 활용한 생물학적 처리법이 사용되고, 유기물의 농도가 낮을 때는 침전법이나 모래와 활성탄 등을 이용한 여과법이 사용된다. 최근에는 미세한 공기 방울인 마이크로버블을 활용한 중수 처리 공법이 개발되었다.

물을 재사용하려는 시도는 수자원의 절약 측면에서 가치가 크다. 한때 우리나라가 물 부족 국가로 분류되면서 물 사용량을 줄이자는 다양한 캠페인이 벌어진 적이 있었다. 강수량을 인구밀도로 나눈 값을 이용한 국제인구행동연구소Population Action International의 기준에 대한민국은 '물 스트레스 국가'로 분류된다. 또한 연간 강수량의 대부분이 장마철에 집중되는 특성에 따라 다른 기간 동안 강수량이 부족한 것으로 보인다. 그러나 대다수 사람들의 인식 속에 한반도는 물이 부족한 지역이 아니다. 겨울철에도 하천 등지에서는 충분한 양의 물이 흐르고 있으며, 물을 많이 이용하는 벼농사도 널리 행해지고 있다. 물 부족 문제가 발생하는 경우는 농업용수의 사용량이 증가하는 장마철 직전의 시기이거나, 산업 폐수 등으로 상수원 등이 오염된 때를 말한다. 수자원의 가치에 관해서는 환경 측면에서 접근할 때 충분히 논의될 수 있다. 그러나 일상생활과 달리 생명지원시스템을 설계해 수자원을 활용하고자 한다면 물을 효율적으로 활용하는 것은 큰 문제가 된다.

인간이 발생시키는 물의 양을 알아내려면 배설물에 대해 고민해 볼 필요가 있다. 엄밀한 의미에서 인간의 대변은 배설물로 볼 수 없다. 인간의 소화기관을 과장해 표현하자면 도넛에 뚫린 구멍에 가깝다. 오히려 인간 내부에서 외부로 배설되는 것은 소변과 땀 등이다. 소변과 땀은 체내에서 단백질을 대사하는 과정에서 발생하는 여러 노폐물을 체외로 배출하기 위해 발생한다. 신장을 거쳐 배출되는 소변에는 요소가 포함되어 있다는 점을 제외하면 소변과 땀의 구성 성분도 거의 일치한다. 소변에는 아미노산, 요산, 요소, 무기염류 등이 포함되어 있으며, 땀에는 소금 등 무기염류, 질소 함유물, 젖산 등이 포함되어 있다. 소변과 땀에 차이가 있다면 소변은 90% 정도가 물로 이루어진 반면, 땀은 99% 정도가 물로 이루어졌다는 것이다. 또한 땀이 나는 것은 체온 조절 때문이기도 하다. 정상적인 신체 기능을 가진 성인의 1회 소변량은 약 350mL이고, 하루 중 4~7회 수준의 소변을 보는 것이 일반적이다. 다만 여름철 등 땀으로 배출되는 수분이 많아지면 소변량이 반대로 줄어들 수 있다.

소변은 요산과 요소 등 질소 함유물을 포함한 액체이며,

땀에 비해 모으기 쉽기 때문에 역사적으로 다양한 용도로 사용되었다. 가장 널리 사용된 방식은 식물을 재배할 때 질소를 공급하는 비료다. 다시 말해, 현대 농업에서 질소를 공급하기 위해 널리 사용되는 요소 비료의 가장 원시적인 형태가 소변이라고 할 수 있다. 물론 소변에는 무기염류가 다량 포함되어 있기 때문에 직접 식물에 제공할 경우 장해가 발생할 수 있어 물로 희석해서 사용해야 한다. 보통 소변 냄새로 알고 있는 암모니아는 소변 내부의 요산을 세균이 분해하는 과정에서 발생하는 것이다. 암모니아는 극성 분자로 여러 유기물을 잘 녹이는 성질을 갖기 때문에 세척제나 세제로 널리 사용되었다. 고대 로마의 일부 지역 사람들과 켈트족은 치아 미백 효과를 위해 소변으로 이를 닦았다고 한다. 게다가 소변은 건강 음료로도 오랜 기간 애용되어 왔다. 중국 저장성에서는 퉁즈단童子蛋이라고 불리는 소변으로 익힌 계란 요리가 전통 음식으로 전해 내려온다. 현대사회에서는 소변이 체내의 노폐물을 배출하는 목적으로 발생한 것이기 때문에 다시 마시는 것을 권장하지 않는다. 소변을 마실 것을 권장하는 사람은 지구상의 극한 격오지를 누비는 '베어 그릴스'라 불리는 에드워드 그릴스Edward Grylls, 1974~ 정도가 전부일 것이다.

일반적으로 한 사람이 하루 동안 생활하려면 음용수와 요리 용수가 3kg 내외가 필요하며, 개인 위생을 위해 샤워를 하거나 세탁하는 과정에 4.5kg의 물이 필요하다. 반면, 소변으로 배출되는 수분은 하루에 약 1.5kg이며, 추가로 호흡과 땀으로 2kg의 물이 배출된다. 체내에서 음식을 산화시키는 과정을 거치며 0.3kg 수준의 대사수가 발생하는데, 이는 수분 섭취량과 배출량 사이의 차이를 메꾼다. 인간의 성별이나 나이에 따라 달라질 수 있지만, 우주에서 임무를 수행하는 대원은 어느 정도 제시된 범위 내에서 물을 발생시키고 소비한다. 우주 임무가 장기화되면 될수록 보급해야 하는 물의 양은 증가하며, 이미 사용한 물을 정화해 재사용하는 것이 효율적인 방식으로 자리 잡았다. 생명지원시스템에서 사용하는 물의 재활용 방식은 크게 증류와 필터링 기법으로 구분할 수 있다. 주로 증류는 소변을 재활용하는 과정에서 쓰이며, 필터링은 중수를 재활용하는 과정에서 사용된다.

과거 소련의 우주 비행사들은 소변을 증류 장치에 투입해 생성된 증류수를 응결시켜 재활용하는 장치를 사용했다. 1990년 우주정거장 미르Mir호에서부터 사용된 이 장치는 재활용된 물을 이용해 전기분해를 통해 산소를 만드는 기능을 수행했다. 이 장치는 1년 반 정도 되는 기간 동안 1,300L의 소변을 처리할 수 있는 용량을 가졌고, 하루에 약 1.2L의 소변을 처리해 80% 수준의 물을 산소 공급에 재활용할 수 있었다. 증류되고 남은 소변 잔류물은 압축해 지구상으로 다시 가져오는 경우가 많았

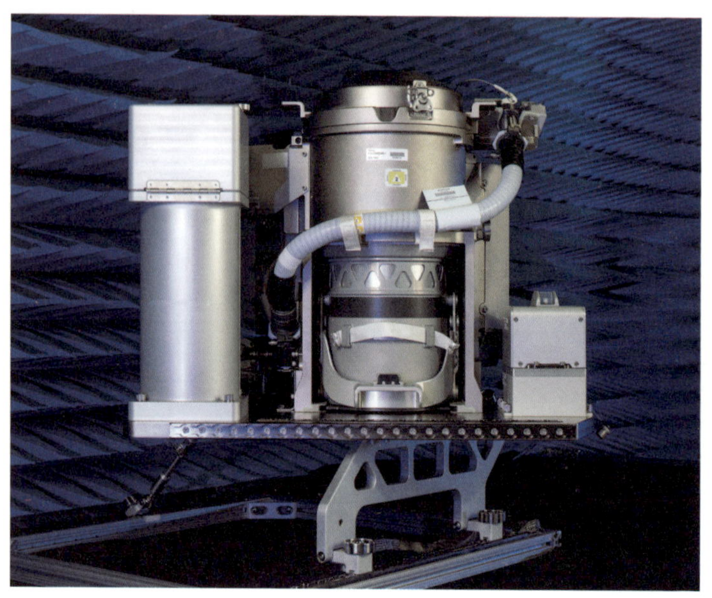

국제우주정거장에 설치된 NASA의 소변 정수 어셈블리

다. 반면, 미국에서는 소변을 증기화하고 압축해 증류하는 방식을 주로 사용했다. 증류한 물은 요오드를 이용해 살균하고 다시 필터로 거르는 작업을 거쳐 음용수로 활용하는 과정까지 진행되었다. 국제우주정거장에서 함께 지낸 미국인과 소련인은 소변의 재활용 수준에 차이가 있었다. 미국인은 소련인이 사용하지 않은 재활용된 소변을 정수해 식수로 사용하기도 했다.

샤워하고 남은 물이나 식기를 세척하고 남은 물은 중수로 분류된다. 중수에는 세척을 위한 계면활성제나 다양한 미세 입자가 섞여 있다. 미세 입자에는 보통 '때'라고 불리는 피부에서 떨어진 미세한 조각이나 머리카락, 지방 덩어리 등이 있다. 중수는 다양한 요인으로 조성이 변할 수 있다. 예를 들어, 사용한 세제의 종류나 용량, 세척 시간 등이 달라지면 중수의 성분이나 농도도 달라질 수 있다. 소련의 우주정거장 미르호에서는 중수를 수집하는 장치와 보관하는 장치, 정수하는 장치, 정수된 물을 보관하는 장치로 일련의 체계가 구성된 시스템을 활용했다. 미국에서도 유사한 장치를 활용했고, 주로 정수에는 필터를 활용하거나 역삼투압 원리를 이용했다. '삼투'는 중간에 물 분자를 통과시키는 막을 두고 양쪽에 다른 농도의 액체를 투입하면 농도가 낮은 쪽에서 높은 쪽으로 물이 끌려 들어가는 현상을 말한다. 역삼투압은 일부러 농도가 높은 쪽에 강한 압력을 가해 물 분자를 농도가 낮은 쪽으로 밀어내는 방식을 의미한다. 해수의 담수화 과정에서도 널리 사용되는 역삼투압 방식의 중수 처리 시설은 압력을 가하는 과정에서 고장 날 염려가 있어 정삼투압 방식을 사용해야 한다는 의견도 존재한다.

국제우주정거장에 2008년부터 설치되어 운영 중인 수자원 재생성 시스템은 소변이나 중수를 각각 재활용하는 목적으로만 사용하는 것은 아니다. 소변을 증류해 발생하는 물과 중수를 필터와 촉매 산화 반응을 통해 일련의 과정을 거쳐 정수할 수 있도록 연계되어 있다. 이후 생성된 물은 전기분해를 통해 수소로 분리되고 수소는 이산화탄소와 함께 사바티에 반응을 통해 메탄과 물로 변한다. 물의 재활용 장치는 기체의 재활용 장치와 연계될 수 있다. 이 장치는 국제우주정거장에 설치된 1년 반 동안 2만 1,000L 이상의 음용수를 생산하는 성과를 달성했다. 이후 물리화학적 재생에 사용되는 소모성 물질의 재보급을 줄이고 완전한 물 재활용을 위해 업그레이드가 진행되고 있다. 유사한 맥락에서 기체 재활용을 위해 조류를 배양하는 광생물반응기도 물을 재활용하는 용도로 연구되고 있다. 중수나 소변을 생물학적으로 재생하는 방식은 화학적 재생 방식에 비해 유해한 부산물이 발생하지 않으며 안정적인 성능을 보이는 장점을 갖는다. 미국의 텍사스테크대학교Texas Tech University의 연구진은 미세 중력 상태에서 정상적으로 작동할 수 있는 막-통기식 광생물반응기를 개발했다. 실험에 사용된 중수에는 면도 크림이나 치약, 바디워시 등의 화학물질까지 포함되어 있었으며, 다양한 무기물도 함께 투입되었다. 이 광생물반응기는 하루에 196g/$m^3$의 선내 이산화탄소를 재활용했으며, 소변과 중수에 포함된 질소를 하루에 194g/$m^3$를 재활용했다. 게다가 대원들이 선내를 이탈해 최대 27일 동안 소변과 중수의 유입이 없어도 내부의 조류가 생존하는 결과를 보여 기체와 물의 재활용 외에도 부수적인 성과까지 달성했다.

소변과 중수를 처리하는 장치는 물의 재활용 외에도 물에 녹아 있는 다양한 물질을 활용하는 방향으로 발전하고 있다. 과거에 소변을 희석해 비료로 사용한 사례에서 착안해, 소변에 포함된 요소를 생명지원시스템에 포함된 미생물이나 고등식물의 영양소로 사용하려는 것이다. 벨기에의 겐트대학교Ghent University 연구진은 요소를 분해해 식물이 사용할 수 있는 형태로 바꿀 수 있는 6종의 미생물을 연구했다. 종마다 차이는 있지만 산소가 없는 혐기성 조건을 구현하고 중력이 우주처럼 달라진 조건에서도 미생물은 요소를 분해할 수 있었다. 호주 시드니대학교The University of Sydney와 미국 여러 대학의 연구진은 장장 20년에 걸쳐 식물에 소변을 비료로 공급할 수 있는 기술을 개발하고 다듬어 왔다. 우주 임무를 수행하는 대원들의 소변은 밀과 콩에 질소, 인, 칼륨, 황, 칼슘, 마그네슘을 공급하는 용도로 사용되었으며, 적어도 네 가지 이상의 원소를 충분한 양으로 공급할 수 있었다. 밀과 콩은 식물의 특성상 소변의 염분 농도를 견딜 수 있어 가능한 일이었다. 이러한 생물학적 재생 생명지원시스템의 구조는 추후 식량을 생산하는 목적으로 확대되어 우주 농업의 기반이 되었다.

## 고체의 재활용

우리는 자정이 되기 전 주문한 물건을 다음 날 집 앞에서 받을 수 있는 시대에 살고 있다. 누군가에게 물건이나 메시지를 보내고 싶을 때도 집 앞의 편의점을 찾거나 버튼만 누르면 손쉽게 목적을 달성할 수 있다. 이런 세상에서도 다소 낭만적인 이유로 편지를 땅에 묻어두거나 유리병에 담아 바다에 던지는 사람들이 있다. 1999년 개봉한 영화 〈병 속에 담긴 편지Message in a bottle〉에서는 주인공이 우연히 백사장에 밀려온 병 속에 담긴 편지를 발견한다. 어쩌면 해변의 쓰레기였을지도 모르는 이 편지는 사랑을 매개하는 중요한 물건이 된다. 이 외에도 많은 작품에서 병 속에 편지를 넣고 바다에 던지는 장면이 등장한다. 다음 세대의 후손에게 메시지를 전하려는 타임캡슐과는 달리, 바다를 떠다니던 편지가 언젠가는 타인의 손에 들어갈 가능성이 있기 때문에 벌이는 일이다. 해류는 바다에 던져진 많은 것을 이동시킨다. 최근에는 인류가 바다에 버린 쓰레기들이 해류를 타고 한데 모여 태평양에 거대한 쓰레기 섬을 형성했다. '태평양 거대 쓰레기 지대'라고도 불리는 이 지역은 실제 섬처럼 밟고 설 수 있을 정도는 아니지만, 다른 바다에 비해 쓰레기의 밀도가 높은 것이 특징이다. 이곳에 모이는 쓰레기는 대부분 분해 속도가 느린 플라스틱이다. 바다의 많은 쓰레기는 실제로 해양생물의 생명을 위협하고 있으며, 미세 플라스틱이 되어 해양생물의 체내로 들어가면 먹이사슬을 타고 인간에게 돌아올 가능성도 있다.

지구 궤도에도 태평양의 쓰레기 섬과 같이 지구 중력에 의해 쓰레기가 모이는 지점들이 있다. 궤도상에서 발생하는 쓰레기는 대부분 로켓에서 분리된 장치나 수명이 다한 인공위성의 잔해 등이다. 1978년 NASA의 존슨우주센터에서 근무하던 도널드 케슬러Donald J. Kessler, 1940~ 박사는 우주 쓰레기의 위험성을 경고했다. 우주 공간은 굉장히 넓기 때문에 크기가 작은 인공위성들이 서로 충돌할 가능성은 매우 낮다. 그러나 낮은 확률이지만 충돌이 일어난다면 발생한 수백수천 개의 잔해가 사방으로 흩어진다. 불어난 잔해들은 연쇄 작용을 일으켜 다른 위성을 파괴하고, 지구 궤도가 잔해들로 뒤덮이면 인류가 우주로 나아가는 것이 불가능해진다고 전망한다. 이 이론은 '케슬러 신드롬'이라는 이름을 얻었지만, 초기에는 철저하게 외면당했다. 외면한 사람들의 근거는 우주에서 쓰레기가 발생한다면 지구 대기 밀도가 높은 저궤도로 떨어져 마찰열에 의해 불타 없어진다는 것이었다. 그러나 2년여의 시간이 지나 태양 관측용 위성인 솔라맥스가 발사된 후 2개월 만에 기능이 정지되는 사건이 벌어졌다. 솔라맥스 위성을 회수하고 분석한 결과 NASA에서 미처 관리하지 못한 우주 쓰레기가 인공위성에 구멍을 150여 개나 뚫어버렸다는 사실이 밝혀졌다. 사람들은 그제야 우주 쓰레기가 연쇄 작용을 일으켜 지구 궤도를 난장판으로 만들 수 있다는 사실을 받아들였다. 영화 〈그래비티〉에서는 인공

위성을 폭파시키는 과정에서 케슬러 신드롬이 일어나 우주왕복선과 허블우주망원경이 산산조각나는 장면을 연출했다. 실제로 이런 일이 일어난다면 인공위성을 사용하는 많은 기술이 무용지물이 될 것이다. 궤도상의 우주 쓰레기를 치우는 방법으로는 파편들을 모으는 끈끈이나 전자기장을 이용해 추락시켜서 태우는 방법 등이 논의되고 있다. 2021년 개봉한 영화 〈승리호Space sweepers〉의 주인공들은 이러한 우주 쓰레기를 청소하는 직업을 가지고 있다. 가까운 미래에 인류가 우주로 진출하려면 우주 쓰레기를 처리하는 문제도 고심해야 할 것이다.

우리는 일상생활에서 많은 쓰레기를 만들어 내고 배출하고 있다. 전미국립과학공학의학원National Academies of Sciences, Engineering, and Medicine, NASEM에서는 2016년 기준 한국인의 1인당 플라스틱 배출량이 연간 88kg이라는 사실을 밝혔다. 2021년 자원순환정보시스템에서 발표한 전국 폐기물 발생 및 처리 현황에 따르면, 플라스틱을 포함한 1인당 쓰레기 배출량이 318kg에 육박했다. 당연한 결과겠지만 이러한 쓰레기 배출은 우주에서 임무를 수행하는 대원들에게서도 나타난다. 2014년 NASA에서는 대원들이 발생시키는 쓰레기의 처리를 알아보기 위해 하와이의 산중턱에서 120일 동안 시뮬레이션을 진행했다. 이 시뮬레이션은 컴퓨터로 진행한 것이 아니라, 실제로 대원이 밀폐된 기지에 들어가 임무를 수행하면서 쓰레기를 만들었다. 이후 6차 미션에 한국인 계량경제학자 한석진 교수가 참여한 것으로 국내에 알려진 이 HI-SEAS(Hawaii Space Exploration and Analog Simulation) 미션에서 발생한 쓰레기의 목록은 다음과 같다.

- 음식물류
- 개인 위생 용품류
- 종이와 판지류
- 휴지류
- 금속 깡통류
- 금속 포일류
- 플라스틱류
- 식물의 비가식 부위와 토양

120일 동안 두 명의 대원은 총 152kg의 쓰레기를 생성했다. 실험에서 발생한 쓰레기의 목록을 살펴보면 우리가 일상생활을 하면서 발생시키는 쓰레기와 크게 다르지 않다. 생명지원 시스템에서 발생하는 다양한 종류의 쓰레기는 장기간의 임무 수행 시 문제를 일으킨다. 작은 크기로 쓰레기를 압축해 선체 외부로 버리는 방법이 가장 쉽지만, 궤도상에서는 우주 쓰레기가 될 가능성이 높다. 행성 표면의 기지에서도 한정된 자원을 외부로 버리는 것은 결코 권장할 만한 방식이 아니다. 최초에

HI-SEAS 미션에서 발생한 쓰레기의 종류와 발생량

| 쓰레기 종류 | 발생량(kg) | 비율(%) |
| --- | --- | --- |
| 음식물 | 49.94 | 33 |
| 식물(비가식 부위) | 31.11 | 21 |
| 종이 | 25.18 | 17 |
| 합성수지 | 18.39 | 12 |
| 위생 용품 | 10.52 | 7 |
| 금속 | 8.83 | 6 |
| 유해 약품 | 4.71 | 3 |
| 휴지 | 2.99 | 2 |
| 계 | 151.67 | 100 |

임무를 수행하러 떠나는 대원들이 지참하는 물류의 양을 줄이기 위해서라도 쓰레기를 재활용할 수 있는 방식이 필요하다.

생명지원시스템 내부에서 발생한 고체 쓰레기의 처리는 다음의 네 단계를 거쳐 재활용된다.

- 쓰레기의 수집과 분리
- 분해

- 안정화 또는 저장
- (가능한 경우) 재활용

발생한 쓰레기를 모으고 분리하는 과정은 우리가 일상생활에서 열심히 실천하고 있는 분리배출과 유사하다. 분리 기준은 생물학적으로 분해가 가능한 음식물 쓰레기나 대변, 그리고 생물학적으로 분해가 불가능한 금속이나 플라스틱 등이다. 이렇게 분리된 쓰레기는 응축, 건조, 동결 등의 과정을 거쳐 분해되거나 안정화된다. 재활용의 가능성이 보이지 않는 쓰레기는 지구로 보내 처리하거나 무기한 저장한다. 만약 재활용의 가능성이 있는 쓰레기라면 산화 반응이나 소각, 생물학적 처리를 시도한다. HI-SEAS 미션에서 채택한 방식은 쓰레기를 기체로 변환trash to gas, TtG시키는 반응기를 이용하는 것이었다. NASA의 케네디우주센터에서 개발한 반응기는 재활용 가능한 쓰레기를 최대 500℃의 고온으로 가열한 후 산소와 수증기를 주입했다. 반응기는 쓰레기로부터 45kg의 메탄을 생성했으며, 637kWh의 에너지도 함께 생성했다. 고체 쓰레기는 이러한 산화 방식을 통해 주로 기체의 형태로 재활용된다.

그러나 재활용 과정을 거쳐 한번 기체로 변한 고체 쓰레기를 고체 재료로 만들기란 여간 어려운 일이 아니다. 고체 형태로 배출되는 쓰레기를 다시 고체 형태의 자원으로 바꿀 수 있는 방법도 함께 활용되어야 한다. 이러한 재활용 방식에는 주로 생물학적 재생 방식이 채택된다. 대원들의 활동 결과 발생량이 가장 많은 것은 음식물 쓰레기와 대변이다. 우리가 음식물로 사용하는 식물 중 채소류의 잎이나 과실은 90% 이상이 수분으로 이루어져 있다. 곡물류는 10% 내외의 수분 함량을 나타낸다. 반면, 식물의 부위 중 식용으로 쓰이지 않는 잎이나 줄기는 70% 내외의 수분을 함유한다. 음식물 쓰레기와 식물의 비가식 부위는 건조 과정을 거쳐 물을 따로 수집할 수 있으며, 이 물은 음용수나 중수로 재활용된다. 심지어 인간의 대변도 약 75%가 물로 이루어졌기 때문에 재활용 가능한 물을 얻을 수 있다. 이렇게 물을 제거하고 남은 고체 쓰레기는 생물학적 재생 장치로 투입된다. 중국 베이징항공항천대학교Beihang University의 연구진은 월궁 1Lunar Palace 1이라는 거대한 생물학적 재생 생명지원시스템을 운영하고 있다. 300㎡ 면적의 밀폐된 월궁 1에서는 세 명의 대원이 105일 동안 생활하면서 많은 양의 배설물을 발생시켰다. 월궁 1 내부에는 식물의 비가식 부위인 밀짚과 대원의 대변을 처리할 수 있는 생물전환기bioconverter가 설치되어 있다. 이 장치에는 고체 폐기물과 건조된 미생물 접종제가 함께 투입되어 탄수화물과 셀룰로오스를 분해한다. 이 장치는 미생물이 고체 쓰레기를 발효시키기에 적합한 45℃ 온도에서 초당 20회 회전하도록 만들어졌다. 이러한 기술이 발전해 안정적으로 음식물과 인간의 대변을 분해할 수 있다면, 분해된 결과물을 다른 작물을 재배하는 데 비료로 사용할 수 있다. 만약 플라스틱과 같이 분해가 어려운 쓰레기까지 처리할 수 있는 생물학적 재생 생명지원시스템이 완성된다면 우주 임무에 많은 도움이 될 것이다.

## 밀폐 생태계 생명지원시스템

지구상에 살고 있는 수많은 생명체는 환경과 서로 상호작용하며, 먹이사슬을 통해 다른 생명체들과 복잡하게 얽혀 있다. 생명체와 환경 사이의 관계를 해석하는 생태학은 모든 생명체는 생태계 안에 포함되어 있다고 말한다. 생태계에서 '계system'는 여러 단위가 모여 관계를 이루며 하나의 단위로 묶인 것을 의미한다. 예를 들어, 숲은 나무와 풀, 그 안에 사는 야생동물 등이 하나의 계를 이룬 것으로 볼 수 있다. 생태계에서는 이러한 요소들이 각각의 생명체와 환경이 된다. 환경 요인에는 공기, 물, 온도, 토양 등이 있으며, 생물 요인에는 그 생태계 안에 있는 여러 생명체가 있다. 인간은 이러한 생태계의 일원으로 다른 생명체와 상호작용하면서 식량을 얻고 다양한 폐기물을 배출한다. 태양으로부터 오는 에너지를 식물이 광합성을 통해 저장해 탄수화물을 생산하면 초식동물이나 인간이 이를 섭취해

에너지를 얻는다. 광합성 과정에서 발생한 산소는 동물과 인간의 호흡에 이용된다. 반대로 동물과 인간이 호흡을 통해 발생시킨 이산화탄소는 식물에게 광합성의 재료로 사용된다. 또한 동물이 발생시킨 배설물이나 동물의 사체는 적절한 부숙 과정을 거쳐 토양으로 환원되고, 식물체가 다시 이용할 수 있는 양분으로 변한다. 생태계는 이렇게 각 생물들 간의 복잡한 상호작용을 통해 구동된다. 우리가 살고 있는 지구는 하나의 생태계를 이루며, 그 내부에서 물질이 순환하는 닫힌계를 형성한다. 만약 이러한 순환 고리가 일부 파손되면 생태계는 제 기능을 하지 못하고 무너져 내릴 것이다. 그래서 많은 사람이 지구상의 생태계가 파괴되는 상황에 우려를 표하고 있다.

연구자들은 생태계를 더욱 정확하게 이해하기 위해 실험용 밀폐 생태계를 이용하기도 한다. 실험용 밀폐 생태계는 자연 생태계로부터 분리해 인위적으로 만들어 낸 생태계다. 이 안에서 인위적으로 환경 요인을 변화시키며 생태계가 어떻게 변해가는지 확인하는 과정을 거친다. 생태계가 파괴되는 과정을 확인하는 용도로 사용되거나, 독성 물질의 축적, 환경오염에 대한 생태계의 반응 등을 살피는 데 유용하다. 실험용 밀폐 생태계는 물리적으로 주변 환경과 분리되어야 하며, 내부에 식물 등의 생산자, 동물 등의 소비자로 구성된 먹이사슬이 구성되어야 한다. 또한 실험용 목적 외에 취미의 영역에서 밀폐 생태계가 사용되는 경우도 있다. 영국의 데이비드 라티머David Latimer는 자신의 취미 생활을 위해 1972년에 커다란 유리병 안에 식물을 채우고 마개를 닫았다. 병 안에서 식물은 햇빛을 받아 광합성을 하고 증산작용을 통해 수분을 배출했다. 밀폐된 병 내부에서 수증기는 다시 벽에 이슬로 맺혀 밑으로 굴러떨어졌고, 내부에 살고 있는 미생물에 의해 산소는 다시 이산화탄소로 바뀌어 순환했다. 그의 유리병은 40년이 지난 2013년이 넘어서도 자체적으로 양분이 순환하며 내부의 생태계가 무너지지 않았다. 이러한 취미 영역의 밀폐 생태계는 테라리움terrarium이라는 이름으로 널리 알려져 있다.

우주에서 장기간의 임무 수행을 위해 구축되는 생명지원시스템은 궁극적으로 밀폐 생태계의 원리를 이용해 안정된 상

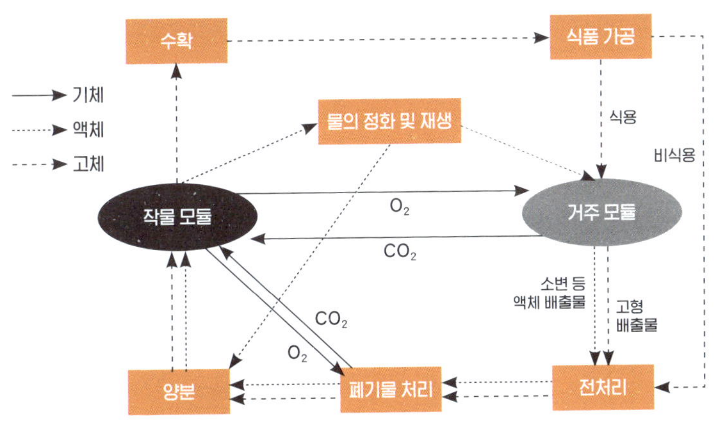

밀폐 생태계 생명지원시스템의 작동 원리와 물질 흐름도

태를 만들고자 노력한다. 이 안에서는 탄소 순환과 수분 순환 등 다양한 물질의 순환이 완결된 형태의 고리 구조를 형성해야 한다. 이때, 최초로 공급한 것 이외에 임무 수행 중간에 재보급이 최대한 이루어지지 않는 것이 좋다. 지구에서 멀리 떨어진 천체로 나아갈수록 우주 공간의 항해에 많은 시간을 소비해 재보급이 어렵기 때문이다. 따라서 지구 외의 천체에 구축되어 장기간 유지되는 대부분의 우주 기지에는 밀폐 생태계 생명지원시스템closed or controlled ecological life support system, CELSS의 원리를 사용한다. 밀폐 생태계 생명지원시스템은 최대한 효율을 높이기 위해 물리화학적 재생 방식과 생물학적 재생 방식을 모두 사용하는 형태로 구성된다. 밀폐 생태계 생명지원시스템은 밀폐된 공간 안에서 생명을 지원하고자 하는 목적을 위해 내부 환경을 조절할 필요가 있기 때문에 환경 제어 생명지원시스템으로 불리기도 한다. 이 안에는 임무를 수행하는 사람을 포함해 동물, 식물, 미생물 등이 들어가게 되며, 특수한 물질의 재처리를 목적으로 물리화학적 재생 장치 등이 설치된다.

여러 생물을 이용해 폐기물을 재처리하는 생물학적 재생에는 크게 두 가지 영역이 있다. 첫째 영역은 화학 합성계다. 물은 전기분해를 통해 수소와 산소로 나뉠 수 있으며, 이를 이용하는 다양한 세균이 화학 합성계에 사용된다. 수소화 효소를 가진 세균들은 소변이나 마그네슘 화합물, 철 화합물 등으로부터 단백질을 생산해 낼 수 있는 능력을 지니고 있다. 둘째 영역은 광합성계다. 광합성계에는 조류나 식물이 포함되어 있으며, 대부분 대기 중의 이산화탄소를 광합성을 통해 재처리하는 역할을 수행한다. 클로렐라와 같은 녹조류는 좁은 공간에서 높은 광합성 효율을 보이기 때문에 광합성계에서 쓰임새가 다방면으로 연구되었다. 이러한 생물학적 재생 방식들을 이용해 밀폐 생태계 생명지원시스템 내부에서 관리하는 폐기물의 종류가 고체, 액체, 기체인지에 따라 다양한 관리와 재활용 방식을 이용한다. 알맞게 계획된 밀폐 생태계 생명지원시스템은 마치 지구상에 있는 생태계와 같이 장기간에 걸쳐 물질 순환을 이루며 유지된다. 그러나 충분한 고민 없이 밀폐 생태계를 구성하면 쉽사리 폐기물이 쌓여 생태계가 무너지는 등 불안정한 상태를 초래하기 때문에 최초의 설계가 매우 중요하다.

우주에서 밀폐 생태계 생명지원시스템을 활용하려는 개념은 1920년대 소련의 로켓 과학자 콘스탄틴 치올콥스키 Konstantin Tsiolkovsky, 1857~1935가 처음으로 제안했다. 그는 우주 공간에서 자급자족할 수 있는 '우주 온실'을 제안했다. 그가 가장 먼저 실험한 것은 인간의 호흡에 필요한 산소의 공급이었다. 그는 밀폐된 강철 상자 안에서 작은 수조에 들어 있는 녹조류가 내뿜는 산소로 24시간을 버틸 수 있었다. 이후 밀폐 생태계 생명지원시스템에 대한 기초 연구가 시작된 것은 1950년대로,

이때 NASA에서 산소와 이산화탄소 교환을 목적으로 여러 실험을 진행했다. 초창기에는 광합성을 수행하는 클로렐라 등 녹조류를 이용한 이산화탄소 제거 연구가 주로 진행되었는데, 이후 임무를 수행하는 대원의 식량을 확보하기 위해 식물을 재배하는 개념이 추가되었다. 1970년대 소련에서는 BIOS 프로젝트를 통해 식량이 될 밀을 재배하면서 대원들이 배출한 이산화탄소 외에도 소변과 의류를 세탁한 후 남은 폐수를 재생하는 연구를 수행했다. 시베리아의 지하에 건설된 BIOS-3 시설은 126$m^2$ 면적으로, 세 개의 식물 재배 공간과 한 개의 대원 생활공간으로 나뉘어 있었다. 각각의 식물 재배 공간에는 두 개의 제논 램프가 설치되어 식물의 광합성에 필요한 에너지를 제공했다. 실험은 최대 6개월가량 지속되었으며, 세 명의 대원이 6개월 동안 먹을 밀을 재배하는 데 성공했다. BIOS-3는 고등식물을 밀폐 생태계의 구성 요소로 이용하는 것이 가능하다는 사실을 증명했다.

이후 NASA에서는 1980년대에 들어 본격적으로 밀폐 생태계 생명지원시스템을 구축하기 시작했다. 소련의 연구 결과에서 더 나아가 제한된 공간 내에서 식량 생산량을 늘리기 위한 방향으로 다방면의 연구를 진행했다. 케네디우주센터에는 한 명의 대원이 배출하는 이산화탄소를 전부 재생하는 크기의 바이오매스 생산 장치가 설치되었다. 장치의 면적은 20$m^2$로,

케네디우주센터의 바이오매스 생산 장치(Wheeler, 2017)

그중 $5m^2$를 작물 생산 면적으로 이용했으며, 400W 고압 나트륨 전등을 이용해 재배했다. 작물을 기르는 데는 수경 재배 방식을 사용했고, 밀, 콩, 감자, 고구마, 토마토, 땅콩, 무, 시금치, 벼, 딸기 등을 재배했다. 우주에서 임무를 수행하는 대원이 항상 같은 음식만 먹을 수 없으므로 다양한 작물을 재배하려는 시도는 우주 개발에 반드시 필요하다. 각각의 작물들은 생산량을 추적해 식량을 얼마만큼 생산할 수 있는지 확인하는 데 쓰였고, 수경 재배 시 물과 양분의 이용량, 이산화탄소의 교환량 등을 지속적으로 추적해 내부의 생태계가 유지되는지 확인했다. 1990년대에 들어서면서 존슨우주센터 등 다양한 기관으로 연구가 확대되어 밀폐 생태계 생명지원시스템의 구조와 성능을 테스트했다.

유럽에서는 유럽우주국ESA의 주도하에 1989년부터 MELiSSAMicro-Ecological Life Support System Alternative 프로젝트가 시작되었다. 이 프로젝트는 밀폐 생태계의 기본 개념에 충실한 생명지원시스템을 개발하는 것이 목적으로, 구동에 필요한 에너지만으로 내부에서 완전한 물질 순환과 재활용을 시도했다. 이론적으로는 100%의 물질 순환을 이룰 수 있다고 보지만, 실제로 완벽한 밀폐 생태계를 구축하는 것은 매우 어려운 일이다. 심지어 지구의 생태계조차도 우주에서 떨어지는 운석으로 인해 물질이 유입되며, 대기로부터 우주 공간으로 수소와 헬륨 등의 기체가 확산되어 사라진다. ESA는 2009년 바르셀로나에 MELiSSA 프로젝트를 위한 파일럿 플랜트를 건설했고, 지속적인 연구를 통해 이상적인 밀폐 생태계에 가까운 형태를 만들고자 노력하고 있다. MELiSSA는 디자인 단계부터 대원을 중심으로 네 개의 닫힌 순환 고리를 만드는 것을 고려했다. 1구획에서는 대원의 생활 폐기물과 식물의 식용 불가능한 부위 등을 지방산과 미네랄로 분해하는 과정을 거친다. 2구획에서는 1구획에서 발생한 지방산 등을 식물의 양분 형태로 변환해 제거하고, 3구획에서는 질소가 포함된 폐기물을 질산염 형태로 전환한다. 4구획에서는 대원의 호흡에 필요한 산소를 생산하며, 주로 조류와 식물을 이용한다. MELiSSA 프로젝트는 인공적으로 형성된 밀폐 생태계의 내부 변화를 빠르게 감지하고 대응해 장기적으로 운영한다는 측면에서 중요한 의미를 지닌다.

일본에서는 JAXA의 주도하에 진공에 가까운 저압 상태에서 식물 생육과 이산화탄소 재생, 생산성 증대를 위한 광원 연구 등을 진행했다. 이 과정을 거치면서 곤충을 포함한 밀폐 생태계 구성 등 밀폐 생태계 생명지원시스템에 필요한 다양한 기술이 개발되었다. 이러한 연구들은 주로 국제우주정거장 등의 우주선 내부에서 사용하려는 실용적인 목적을 가지고 있었다. 2000년대 이후 중국에서는 우주 개발에 적극적인 모습을 보이며 다양한 밀폐 생태계 생명지원시스템의 개발에 박차를 가했다. 2011년 9월 29일 처음 발사된 중국의 톈궁은 중국국가항천국CNSA에서 운영하는 유인 우주정거장으로 국제우주정거장과 함께 현재 사용되고 있는 유이한 우주정거장이다. 2021년 6월 17일에 세 명의 대원이 톈궁 우주정거장에 탑승해 3개월간 임무를 수행했고, 한 달 뒤 10월 15일 세 명의 대원이 다시 6개월간 임무를 수행하고 있다. 중국의 우주정거장 운영은 점차 임무 수행 기간이 길어지고 있으며, 이에 따라 밀폐 생태계 생명지원시스템의 필요성이 증대되고 있다.

여러 국가에서 개발 중인 밀폐 생태계 생명지원시스템은

크게 작물 모듈과 거주 모듈로 구성된다. 작물 모듈에서는 식량 작물이 재배되고, 거주 모듈은 인간을 비롯한 동물의 생존 공간에 해당한다. 작물 모듈에서 수확된 작물의 식용 부위는 식품의 원료로 사용되고, 비식용 부위는 폐기물로 처리된다. 폐기물은 재처리 과정을 거쳐 작물의 생장에 필요한 영양분으로 바뀐다. 이 밖에 인간이 사용한 물이나 인간으로부터 배출된 땀과 소변은 회수되어 정화 과정을 거친 뒤 재활용될 수 있다. 밀폐 생태계 생명지원시스템에서 재배되는 작물은 식품의 원료로 쓰이거나, 공기와 물에 대한 정화 또는 재생의 기능을 갖는다. 밀폐 생태계 생명지원시스템의 작물 모듈에서 재배되는 작물은 광합성 작용으로 이산화탄소를 흡수하고 산소를 방출하며, 이때 방출된 산소는 거주 모듈에 있는 인간의 호흡에 사용된다. 한편, 인간의 호흡 작용으로 발생한 이산화탄소는 작물에 흡수되어 광합성의 재료로 쓰인다. 따라서 생명지원시스템에서 재배되는 작물은 생산량이 풍부하며, 광합성에 의한 이산화탄소 흡수 능력이 얼마나 되는지 그 양이 확인된 작물이어야 한다. 그러나 이에 못지않게 중요한 점은 재배되는 작물이 영양학적으로나 심리적으로 인간의 건강을 만족시켜야 한다는 것이다. 장기간에 걸친 우주 임무를 수행하는 대원은 다양한 작물을 이용한 다양한 식단이 필요하다. 동일한 음식을 계속 먹는 것은 몸과 마음에 좋지 않은 영향을 미친다. 그러므로 생명지원시스템에서 재배 가능한 작물은 높은 생산성, 식용성, 소화성, 조리성, 자동화 가능성, 짧은 줄기 등을 지녀야 한다. 이에 해당하는 작물로는 밀, 벼, 감자, 고구마, 땅콩, 콩, 사탕무, 상추, 토마토, 당근, 양배추, 딸기, 샐러리, 파, 고추, 완두, 시금치, 강낭콩 등이 논의되고 있다. 세계 여러 나라에서는 이러한 작물의 생산을 위한 여러 실험을 진행하고 있다.

## 바이오스피어 2

달에 발을 디딘 경험이 있는 아폴로 우주 비행사들을 포함해 현재까지 알려진 모든 생명체는 지구에서 태어났다. 아주 먼 과거인 45억 년 전, 지구가 탄생하고 한동안 지구상에는 아무런 생명체가 없었다. 어느 순간 지구상에는 생명체가 등장해 번성하기 시작했지만, 아주 먼 미래에 살고 있는 인류는 첫 생명체가 언제 태어났는지 알아내기 어렵다. 지질학자들과 고생물학자들은 최초의 생명체를 알아내기 위해 지구상에 남아 있는 흔적을 찾고 있다. 지구 내부에서 발생하는 열은 맨틀을 달궈 아주 느린 대류 현상을 일으킨다. 끓는 물속에 넣은 라면이 빙글빙글 도는 것처럼 맨틀이 오르내린다. 그 위에 떠 있는 얇은 지각은 흐름을 타고 이리저리 떠다닌다. 40억 년 이전에 지구 표면을 덮고 있던 지각은 이러한 이동으로 깊게 파묻혀 버렸다. 남아 있는 가장 오래된 지각에서 2017년에 미생물의 흔적이 발견되었다. 캐나다 퀘벡주의 누부악잇턱 녹색암대에서 발견된 세균 화석은 42억 8,000만~37억 7,000만 년 전에 바다에서 살았던 것으로 추정되고 있다. 그러나 이렇게 화석으로 남은 세균도 최초의 생명체로 보지 않는다. 생명의 기원을 명확하게 설명할 수 있는 이론은 아직도 완성되지 않았지만, 화학 진화의 모델이 가장 가능성 높은 것으로 점쳐지고 있다.

화학 진화 모델은 생명의 기원과 유기물의 합성을 설명하기 위해 생화학자들이 모여 만든 것이다. 1952년 스탠리 밀러Stanley Miller, 1930~2007와 해럴드 유리Harold Urey, 1893~1981는 원시 지구의 대기 상태를 모방한 플라스크 안에 물을 흘려주며 전기 방전을 일으켰다. 지구가 생성되고 얼마 지나지 않은 시점에 지구 표면에 생겼을 법한 가상의 연못을 만든 것이다. 이 안에서는 단백질의 구성 요소인 아미노산 네 종류와 포름알데히드, 시안화수소 등이 만들어졌다. 이 실험을 통해 원시 지구에서 무기물을 재료로 여러 유기물이 만들어질 수 있다는 사실이 밝혀졌다. 이후 해저 탐사 과정에서 발견된 심해 열수 분출구에는 다양한 유기물이 축적되어 있으며 촉매로 작용할 황철석 등이 풍부했다. 대부분의 학자는 심해 열수 분출구 주변에서 호열성 세균이 화학 진화를 통해 탄생했다고 생각하고 있다. 앞서 캐나다에서 발견된 세균 화석도 철이 많이 함유된 암석에서 나왔기 때문에 최초의 생명체는 열수 분출구 근처에서 태어났을 가능성이 높아졌다. 이와 동시에 유기물로 구성된 자기 복제가 가능한 분자들이 만들어졌고, 주변 환경으로부터 내부를 보호할 수 있는 세포막이 출현하는 등 생명체는 점차 복잡해지는 방향으로 진화하기 시작했다.

생명체는 지구의 역사를 함께하며 긴 시간 동안 다양한 형태를 갖추기 시작했다. 심해 열수 분출구 근처에 사는 세균들은 산소 없이 황화수소와 황, 철 등을 이용해 에너지를 저장하고 사용했다. 반면, 그린란드에서 발견된 스트로마톨라이트 화석은 37억 년 전에 형성된 것으로, 산소를 이용해 광합성을 할 수 있는 생명체가 출현했다는 것을 보여준다. 광합성 과정에서는 산소가 발생하기 때문에 광합성 세균이 번성하면서 지구의 대기 조성이 바뀌기 시작했다. 28억 년 전쯤 지구 대기는 광합성 세균이 내뿜은 풍부한 산소로 채워졌다. 고농도의 산소는 기존에 살던 많은 생명체에게 독성 물질이 되었고, 대부분이 버티지 못하고 멸종하고 말았다. 남은 생명체들은 산소를 이용해 자신의 생명 활동을 이어나가는 방향으로 진화했다. 이후 지구의 역사가 이어지는 현재까지 대부분의 생물은 산소를 이용하거나 산소를 발생시키고 있다.

지구상에서 번성하기 시작한 생물은 지구 표면의 거의 모든 곳에 스며들기 시작했다. 생명체가 최초로 태어난 바다는 물론 대부분의 육지와 공기 중에도 많은 생명체가 살고 있다.

오스트리아의 지질학자 에두아르 쥐스Eduard Suess, 1831~1914는 수권, 지권, 기권 등과 마찬가지로 생물이 살고 있는 모든 환경을 포함하는 영역에 생물권biosphere이라는 용어를 사용하기 시작했다. 1926년 소련의 지구화학자 블라디미르 베르나드스키Vladimir Vernadsky, 1863~1945는 생물권의 개념을 보다 정교하게 만들었고, 생태학이 생물권을 다루는 분야임을 명확하게 알렸다. 이후 생물권은 모든 생물체를 총합하는 개념으로 사용되고 있다. 지구상에서 생물은 심해의 해구에 사는 물고기부터 지상 10km 높이까지 날 수 있는 새까지 모든 깊이와 높이에서 살아가고 있다. 미생물은 더 극단적이어서 지구 지각 5km 깊이의

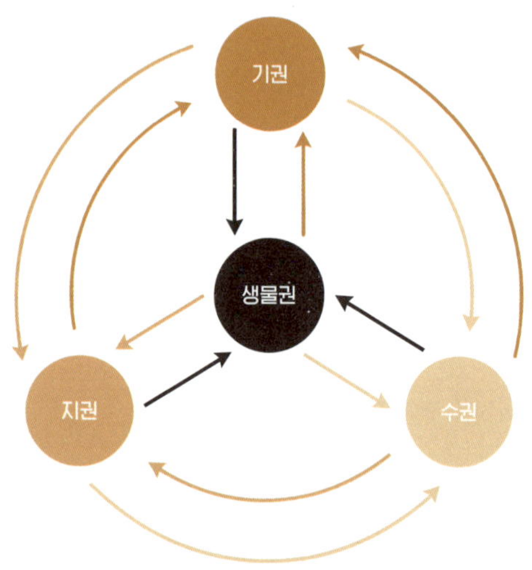


생물권, 기권, 지권, 수권의 상호작용

암석과 화산의 고열 지대에서도 생존하고, 심지어 우주 공간의 진공 상태에 노출시켜도 살아남을 수 있다고 밝혀졌다. 생물권은 지구의 한 영역으로 인정받고 있으며, 생물의 활동이 수권, 지권, 기권과 영향을 주고받으며 하나의 생태권을 구성한다.

생물권의 개념은 생태학과 지질학 분야 외에도 많은 영향을 미쳤다. 리처드 버크민스터 풀러Richard Buckminster Fuller, 1895~1983는 생물권에 깊은 감명을 받은 건축가다. 주변 사람들에게 '버키'라는 애칭으로 불리는 그는 생물권에서 논의되고 있는 지속 가능성과 재생이라는 개념을 건축에 도입했다. 그는 저서 『우주선 지구Spaceship Earth』에서 지구의 생태계가 연약한 존재라고 강조했으며, 인간이 지구를 보호하는 일에 앞장서야 한다고 피력했다. 그는 Dynamic, Maximum, Tension을 조합해 만든 다이막시온Dimaxion 프로젝트를 신행하면서 최소한의 에너지와 재료로 최대한의 결과물을 얻는 것에 집중했다. 그 후 1954년에 사면체 부품들을 조립해 만들 수 있는 지오데식 돔은 특허권을 인정받았다. 이 구조물은 내부의 지지대 없이 최소한의 구조로 강한 지지력을 얻을 수 있는 특징을 지녔다. 최근 신소재로 각광받고 있는, 탄소 60개로 만들어진 축구공과 유사한 모양의 분자 '풀러렌fullerene'은 그의 이름을 땄다. 그는 엑스포67 행사를 위해 캐나다의 몬트리올에 거대한 지오데식 돔을 설치했고, 이 돔은 몬트리올 바이오스피어라고 불리고 있다.

버크민스터 풀러의 몬트리올 바이오스피어

독특한 형태의 지오데식 돔은 랜드마크가 되었고, 우리나라에서는 서울랜드의 상징으로 여겨지고 있다.

유명 인사가 된 풀러는 1982년 9월 환경기술연구소The Institute of Ecotechnics가 주관하는 갤럭틱 콘퍼런스Galactic Conference에 초청 연사로 서게 되었다. 남프랑스의 레 마로니에에서 열린 이 행사에서는 리처드 도킨스와 린 마굴리스 같은 이름난 학자들의 발표와 함께 은하를 주제로 한 다양한 발표들이 진행되었다. 이 콘퍼런스에는 생물권의 개념에 대해 참신한 아이디어를 가진 사람들이 참석했다. 연사 중 한 명인 필 호즈Phil T. C. Hawes는 선장처럼 옷을 차려입은 독특한 건축가였다. 그는 '시너지 건축과 생명공학 설계'라는 회사 소속이며, 동시에 환경기술연구소의 활동을 겸하고 있었다. '은하 식민지의 건축Architecture for Galactic Colonies'을 주제로 한 발표에서 그는 자급자족으로 유지되는 우주 온실을 다루었다. 발표가 끝나고 주변에 모여 있던 사람들에게 풀러는 이렇게 말했다.

> 나는 자네들이 그 아이디어를 실행할 수 없을 거라고 보네. 하지만 그 아이디어는 합리적인 생각으로 들린다네. 만약 새로운 생물권을 만든다면 자네들 밀고 누가 만들겠나?

풀러에게 새로운 생물권을 만드는 일에 적격이라고 지목된 사람들 중에는 훗날 그 안에 들어가게 될 제인 포인터Jane Poynter도 있었다.

새로운 생물권을 인간이 스스로 만들어 낸다는 개념은 많은 사람을 모이게 하는 원동력이 되었다. 자신을 환경 사업가라고 칭하는 에드 배스Ed Bass는 새로운 생물권을 만드는 일에 250만 달러의 투자금을 유치했고, 마그렛 오거스틴Margret Augustine은 모든 작업을 총괄할 회사 스페이스 바이오스피어스 벤처Space Biospheres Venture, SBV의 최고경영자를 맡게 되었다. 존 앨런John Allen은 이 새로운 시도로부터 나올 다양한 연구 개발 성과를 총괄하는 책임자였고, 엔지니어 윌리엄 뎀스터William Dempster와 건축가 필 호즈 등이 프로젝트에 적극적으로 참여했다. SBV의 관계자들은 미국 애리조나 오라클 지역이 연중 청명한 날이 300일이 넘기 때문에 새로운 생물권을 안착시키기에 적합한 부지라고 판단했다. 이곳은 안정된 지반 덕분에 대규모의 구조물을 설치하더라도 지진 등의 피해로부터 자유로울 수 있었다. 오로지 새로운 생물권을 만들어 보자는 일념으로 뭉친 사람들은 첫 번째 생물권인 지구 위에 두 번째 생물권인 바이오스피어 2Biosphere 2를 세웠다.

바이오스피어 2는 1.3ha 면적에 20만 $m^3$ 부피를 갖는 거대한 온실 구조물의 집합체다. 가장 높은 곳이 28m에 달하는 이 온실은 6,600개의 판유리로 된 창을 이어 붙여 만들었다. 기초는 1만 2,000$m^3$의 콘크리트로 이루어져 있었고, 내부 환경의 변화를 추적하기 위해 2,000개에 달하는 센서들이 곳곳에 설치되었다. 바이오스피어 2는 지구와 격리된 인공 생물권이 자급자족하며 살아갈 수 있는지 실험하려는 목적으로 1991년에 완공되었다. 미래에 우주로 나간 인류가 인공적으로 구축한 생물권을 온전하게 유지시킬 수 있는지 확인하는 것이 주된 임무였다. 밀폐된 공간 안에서 완전하게 자급자족이 가능한 생태계를 구축하려면 다양한 생물과 환경을 포함한 거대 인공 생물권을 구축해야 한다는 의견이 지배적이었다. 열대우림과 대양, 습지, 사막, 농업, 생태계 등 분야 전문가들에게 자문했다. 내부에 호랑이 같은 맹수를 배치하는 것은 무리였고, 가축이 될 수 있는 피그미 염소, 닭, 돼지를 투입했다. 영장류 중에는 호모사피엔스 여덟 개체와 그들의 친구가 되어줄 여우원숭이가 선발되었다. 생태계의 큰 부분을 차지하는 곤충은 선발이 매우 까

바이오스피어 2의 전경

다로웠다. 동물의 사체를 먹고 사는 곤충들은 사육통 안에서 너무 강한 악취를 풍기는 문제를 일으켰다. 그러나 필수적인 식물의 수분과 수정을 위해 벌은 다섯 종류가 선발되었고, 사바나 생태계에서 중요한 역할을 하는 흰개미가 바이오스피어 2에 입성했다. 그러나 다양한 생물종을 어떤 구역에 배치할지 학자들마다 의견이 분분해 농업 생물군계와 야생 생물군계를 물리적으로 분리해야 한다는 의견도 제시되었다. 이 문제를 해결하고자 농업 생물군계 주변에는 곤충의 이동을 막기 위한 방충망이 설치되었다. 한편으로 생태학자들과 엔지니어들 사이에는 용어 혼란으로 서로를 향한 비난이 터져 나왔는데, 의견 조율이 쉽지 않았다. 생태학자들은 온실의 구조가 잘못되어 공기가 유출될 것을 걱정했고, 엔지니어들은 덩굴식물들이 기계를 쓰지 못하게 만들거나 생명체들이 모두 죽어버릴 것이라고 생각했다. 마침내 오랜 토론을 거쳐 바이오스피어 2 안에는 서로 다른 일곱 개의 구역이 배치되었다. 내부의 기압을 조절하기 위해 네오프렌 재질로 된 두 개의 폐lung도 설치되었다.

### • 열대우림 생물군계

베네수엘라의 테푸이Tepuis 지형을 모방해 폭포가 갖춰진 9m짜리 산에 키가 큰 나무들이 배치되었다. 대부분의 나무는 베네수엘라와 푸에르토리코에서 공수했고, 부족한 종류는 미주리

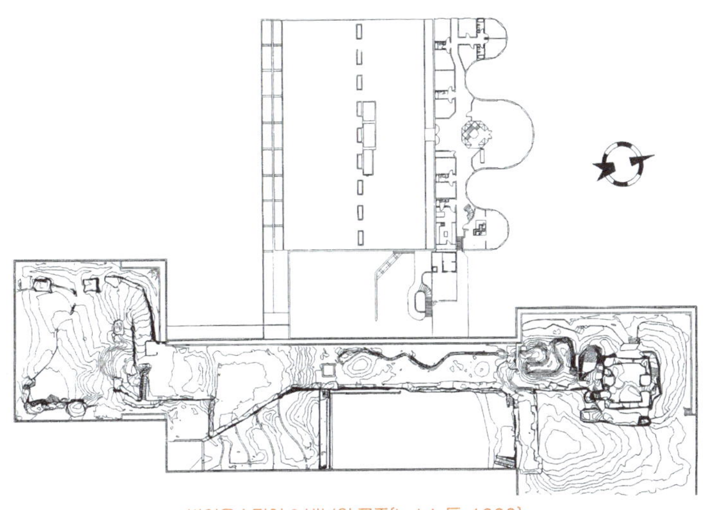

바이오스피어 2 내부의 구조(Leigh 등, 1999)

식물원에서 제공했다.

• **사바나 생물군계**

남아메리카와 아프리카의 초원 지대를 모방해 만들어진 곳으로 연못을 포함한 삼림과 초원의 중간 지대를 의미한다. 사바나 식물들은 프랑스령 기아나와 호주에서 채집했다.

• **사막 생물군계**

모래 토양은 건조한 상태로 유지되며, 선인장과 다육식물 무리가 생존할 수 있는 기후를 구현했다. 사막식물은 캘리포니아 바하사막에서 채집된 것들을 사용했다.

• **습지 생물군계**

플로리다의 습지를 모방해 담수로 이루어진 늪을 만들고 대양

바이오스피어 2의 각 구역 면적과 부피

| | 면적 (m²) | 토양 부피 (m³) | 물 부피 (m³) | 공기 부피 (m³) |
|---|---|---|---|---|
| 열대우림 | 1,900 | 6,000 | 100 | 28,900 |
| 사바나 | 1,300 | 2,000 | 1,700 | 20,800 |
| 사막 | 1,400 | 4,000 | 400 | 17,600 |
| 습지 | 450 | 700 | 600 | 7,200 |
| 대양 | 850 | 1,300 | 1,100 | 13,600 |
| 거주 구역 | 1,000 | 2 | 1 | 11,000 |
| 농업 구역 | 2,000 | 2,720 | 60 | 35,200 |
| 폐 구역 | 3,200 | 0 | 750 | 30,000 |

생물군계로 이어지며 염도가 높아지는 환경을 만들었다. 플로리다의 매립 예정지에서 옮겨 심은 다양한 홍수림이 배치되었다.

- **대양 생물군계**

바하마에서 가져온 모래를 깔아 해안을 만들고, 멕시코 유카탄 반도에서 채집된 열대 산호초를 배치해 해수어들이 살 수 있도록 바다를 만들었다.

- **인간 거주 구역**

인간이 살아가는 도시를 모방해 만든 구역으로 숙소, 체육관,

병원, 사무실, 기계 설비 등이 배치되었다.

- **집약 농업 구역**

인간이 식량으로 활용할 다양한 동식물을 기를 수 있도록 농업이 수행되는 구역이다. 여기서는 곡물(벼, 밀, 수수), 전분(고구마, 감자, 타로), 채소(고추, 비트, 토마토, 양배추, 엽채류 등), 과수(바나나, 파파야, 구아바, 무화과), 콩, 땅콩 등을 재배했다.

대중의 관심은 뜨겁다 못해 불타오르고 있었다. 신의 창조물로 여겨지던 생물권을 인공적으로 구성하겠다는 시도는 많은 사람에게 신의 영역에 도전하는 모습으로 비쳤다. "지구 복제하기", "우주를 위한 노아의 방주", "우주선 지구", "제2의 자연"과 같은 제목의 기사들이 쏟아졌다. 누군가는 "바이오스피어 2는 항공모함 위에 올라앉아 있는 에덴동산"이라는 비유를 들었다. 그러나 NASA의 연구원들은 바이오스피어 2를 만들고 있는 집단이 정통 과학자가 아니라는 점을 염두에 두며 일반에 공개하지 않은 의도가 있는지 의문을 가졌다. 극단적인 사람들은 천문학적인 돈을 쏟아부어 만든 테라리움일 뿐이라며 비난했고, 바이오스피어 2를 건설하고 있는 팀이 사이비 종교 집단과 다를 바 없다는 의견을 내놓았다. 냉전이 끝나가던 당시에도 핵전쟁에 대한 걱정은 계속되었는데, 건설에 참여한 사람들만 핵전쟁이 일어났을 때 바이오스피어 2 안에 숨어서 살아남으려 한다는 오해가 일어났다.

그러나 이 모든 논란 속에서도 바이오스피어 2는 과학과 기술에 기반한 엄연한 인공 생물권 테스트베드의 모습을 갖추어 나가고 있었다. 애리조나대학교 환경연구소는 호모사피엔스 여덟 개체가 임무 기간 동안 소비할 식량을 조달하기 위한 계산을 마쳤다. 연구소 소속의 농학자들은 "비료는 어디서 구할 것인가?", "배설물과 같은 쓰레기는 어떻게 재활용할 것인가?", "어떻게 하면 작물을 재배할 땅을 비옥하게 할 것인가?" 등의 수많은 질문을 차근차근 해결해 나갔다. 현대의 농업, 특히 미국의 농업은 농기계와 농약을 활용한 대량생산에 초점이 맞춰져 있었다. 그러나 바이오스피어 2 안에서는 대형 농기계를 사용할 수 없었고, 생물 농축 문제가 발생하기 때문에 농약을 함부로 뿌릴 수 없었다. 결국 바이오스피어 2 안에서는 유기농 방식으로 농작물을 재배하는 방법을 택하게 되었다. 인간이 해결하기 어려운 재활용의 문제는 토양 내부에 살고 있는 세균과 곰팡이 같은 분해자에게 맡길 수밖에 없었다. 그 결과 농업 구역은 깊이 1.2m의 구덩이에 2,720m$^3$의 토양으로 채워졌다.

마침내 1991년 9월 26일 오전 8시, 바이오스피어 2의 기밀실 문은 굳게 닫혔다. 호모사피엔스, 그러니까 인간 여덟 명이 포함된 진정한 의미의 '인간 실험'이 시작되었다. 밀폐된 온실 내의 자급자족 생명지원시스템 실험은 일단 2년 동안 진행될 예정이었다. 대원들은 생물권에서 인간의 역할을 연기하는 동시에 각자 다양한 역할을 맡았다. 대장 마크 반 틸로Mark Van Thillo는 바이오스피어 2의 건설 책임자이자 기술자였고, 샐리 실버스톤Sally Silverstone은 농업 구역 담당자이자 부대장이었다. 의사 로이 월포드Roy Walford, 화학자 테이버 맥컬럼Taber MacCallum, 해양학자 애비게일 앨링Abigail Alling, 황무지 전문가 린다 리Linda Leigh, 폐수처리 정원 담당자 마크 넬슨Mark Nelson, 가축 담당자 제인 포인터까지 총 여덟 명의 대원이 맡은 역할을 수행하게 되었다. 대원들은 2년을 주기로 교대해 향후 100년간 밀폐된 생물권의 작동을 추적할 생각이었다.

지구의 사람들은 이렇게 병 안에 든 사람들의 생활에 관심이 많았다. 관광객들은 유리창을 두드리며 대원들의 관심을 끌기 위해 애를 썼다. 대원들의 일거수일투족은 모두 관찰 대상이었고, 사건 사고는 언론에서도 크게 다루었다. 어느 날 탈곡기를 돌리던 제인 포인터는 실수로 그녀의 손가락 끝이 잘려 나갔다. 의사 로이 월포드는 빠르게 접합하고 치료했지만, 전문적인 치료를 받아야 한다는 결론을 내렸다. 언론에서는 겨우 12일 만에 밀봉되었던 바이오스피어 2가 열리면 실험이 실패한 것이라고 떠들어 댔다. 그러나 아무리 밀폐된 생명지원시스템이라 해도, 가능한 상황에서는 외부의 보급을 받을 수 있다. 특히 임무 시작이 오래 지나지 않은 시점에서는 빠른 보급이 이후 임무의 성패를 가를 수 있는 중요한 선택이 된다. 덕분에 그녀는 여섯 시간 동안 밖으로 나와 치료를 받고 다시 투입되었다. 이러한 논란은 대원들의 심기를 매우 예민하게 만들었다.

대원들이 가장 잦은 충돌을 일으킨 것은 역시 식사 문제였다. 2년 내내 밀가루를 풀어 만든 형편없는 죽으로 끼니를 때워야 했던 대원들은 다양한 음식의 중요성을 깨달았다. 대원들이 처음으로 수확한 딸기는 다섯 개였고, 대장은 그것을 여덟 조각으로 잘랐다. 제인 포인터는 바이오스피어 2에서 피자 한 판을 만드는 데 넉 달이나 걸렸다고 말한다. 먼저 밀을 길러 '손을 다치지 않도록 조심하면서' 탈곡해 빻아서 밀가루를 만든다. 다음으로 피그미 염소를 키워 새끼가 태어나면 어미로부터 젖을 구해 발효시켜 치즈를 만든다. 그녀는 토마토와 할라피뇨 고추, 허브류까지 구하고 나면, 반죽하고 토핑을 얹어 피자를 만들 수 있다고 말한다. 밀폐된 생명지원시스템 내부에서 자급자족으로 우리가 평소에 먹던 음식을 만드는 것은 정말로 어려운 일이었다. 게다가 작물을 재배하는 일은 계속해서 난관에 봉착했다. 콩들은 흰가루병에 걸려 맥을 못 추고 있었고, 벼는 혹명나방의 애벌레에게 난자당하고 있었다.

바이오스피어 2는 NASA에서 생각하는 생물학적 재생 생명지원시스템에 부합하는 것이었다. 에너지는 외부에서 공급받을 수 있지만, 물질은 내외부로 이동하지 않으며 여러 해 동안 생산물을 낼 수 있는 것이 요점이었다. 그러나 NASA와 SBV의 미생물에 대한 생각은 달랐다. NASA의 전문가들은 미생물이 곧 병원균이라고 판단해 대부분의 시스템을 멸균 처리해 균이 발생하는 것을 막고자 했다. 반면, 바이오스피어 2를 설계한 SBV는 다양한 미생물이 어우러져 공생하는 생태계를 구성하고자 했다. 이 미생물들 중에는 작물을 공격하는 균들이 더러 있었기 때문에 대원들은 수천 년간 농민들이 해온 일인 병해충 방제를 손수 해나갈 수밖에 없었다. 노동의 대가는 참혹했다. 대원들의 체중은 10%에서 18%까지 줄어들고 있었다. 먼 미래에 화성과 같은 외계 행성에 건설될 밀폐 생태계 생명지원시스템 내부에 살아가는 사람들의 고난은 어느 정도 예견된 일이었다. 남극에 외따로 떨어진 기지에서는 간혹 폭력적인 상황이 발생하기도 한다. 바이오스피어 2의 대원들도 고통 속에서 파벌을 형성했고, 서로 싸우는 일이 잦았다.

대원들의 고통은 이것으로 끝나지 않았다. 산소가 사라지고 있었다. 밀폐 후 240일이 지난 시점에 바이오스피어 2 내부의 산소 농도는 17%였다. 그러나 원인을 알 수 없는 상태로 산소 농도는 계속 감소해 480일이 되자 14%까지 줄어들었다. 산소는 매주 0.23%씩 꾸준히 감소하고 있었다. 대부분의 인간은 15% 내외의 산소 농도에서 저산소증을 보인다. 문제를 일으킨 원인이 무엇인지 다양한 가설이 제기되었다. 토양 속에 너무

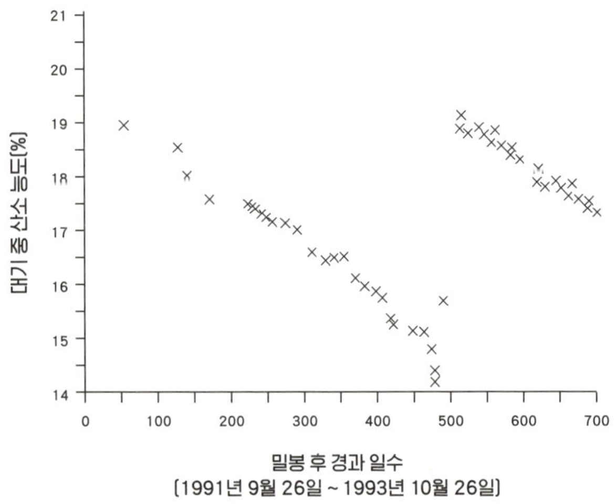


바이오스피어 2 내부의 산소 농도 변화(Dempster, 1999)

많은 미생물이 있어 산소를 소모했을 것이라는 가설과 사막의 토양에 들어 있는 칼슘과 이산화탄소가 반응해 탄산염이 되었을 것이라는 가설이 가능성이 높다고 여겨졌다. 밀폐를 포기할 수 없다는 주장과 대원들의 안전을 위해 산소를 공급해야 한다는 주장이 팽팽하게 맞섰다. 대원들은 두통과 어지럼증, 피로감, 수면장애 등 저산소증을 호소하고 있었다. 다행스럽게도 1993년 1월 13일 과학자문위원회의 결정으로 산소 농도를 20%까지 올렸다. 이 결정은 밀폐 실험이 실패한 것이라고 주장하는 사람들의 목소리에 힘을 실어주었고, 많은 사람이 바이오스피어 2 실험이 실패했다고 인식하게 되었다. 미국 시사 주간지

《타임Time》은 대원들에게 '바이오스턴트'라는 표현을 쓰며 그저 보통의 온실과 다를 바 없다고 비난했다. 사라진 산소 22톤이 어디로 갔는지 파악하기 전에는 비난을 피할 수 없었다.

컬럼비아대학교의 제프 세브링거스Jeff Severinghaus는 대원 테이버 맥컬럼과 산소가 사라지는 문제를 해결하기 위해 고민하고 있었다. 토양에 살고 있는 미생물의 호흡은 산소의 행방을 설명하는 데는 부족한 양이었다. 바이오스피어 2 내부에서 일어나는 호흡과 광합성 사이에 균형이 무너져 있었다. 샅샅이 훑어본 결과 분명 어딘가에 이산화탄소를 먹는 괴물이 살고 있어 산소의 농도에 영향을 미쳤다는 결론이 내려졌다. 제프 세브링거스는 고민을 거듭하던 중 캘리포니아대학교의 호흡생리학자인 아버지와 전화 한 통을 하게 되었다. 당황스럽게도 그의 아버지는 콘크리트를 괴물로 지목했다. 콘크리트 안에 들어 있는 소석회(수산화칼슘)는 이산화탄소와 만나 탄산칼슘을 만든다.

$$CO_2 + Ca(OH)_2 \rightarrow CaCO_3 + H_2O$$

대원 테이버 맥컬럼은 바로 콘크리트에 구멍을 뚫어 시료를 채취했고, 분석 결과 대기 중의 사라진 이산화탄소가 모두 그 안에 들어 있었다. 이후 진행되는 밀폐 생태계 생명지원시스템 연구에서는 콘크리트에 페인트칠해 공기와의 노출 면적을 줄였고, 산소 감소 문제가 발생하지 않았다.

여러 학자는 바이오스피어 2 실험에 각기 다른 평가를 내렸다. 완벽한 물리적 밀폐를 목표로 삼다 보니 모든 사건 사고가 실험을 실패로 보이게 만들었다는 지적이 이어졌다. 초기에 목표로 했던 100년간의 밀폐를 위해 고장 난 기계와 컴퓨터 등은 계속 재보급을 받아야만 했을 것이다. 100년은 긴 시간이기 때문에 그동안 발달한 기술의 결과물을 내부로 투입할 필요가 있었다. 게다가 지구의 미니어처 모형을 만드는 데 집중해, 중요도가 떨어지는 사막과 열대우림 등의 생물군계가 포함되어 애초부터 무리였다는 지적도 이어졌다.

여덟 명의 대원은 괴로웠던 바이오스피어 2 안에서 계약했던 2년을 채우고 최대한 빨리 나오고 싶었다. 그러나 1993년 9월 26일 오전 8시, 대원들의 퇴소식에서 영장류학자 제인 구달Jane Goodall, 1934~2025의 축사가 너무 길어져 20분을 더 머물러야 했다. 이후 2차 실험을 위해 대원들이 투입되었지만, 10개월 정도의 실험 끝에 전원 퇴소하며 더 이상 실험은 이루어지지 않았다. 이리저리 소유권이 이전되던 바이오스피어 2는 현재 애리조나대학교에서 인수해 관광지로 관리하고 있다.

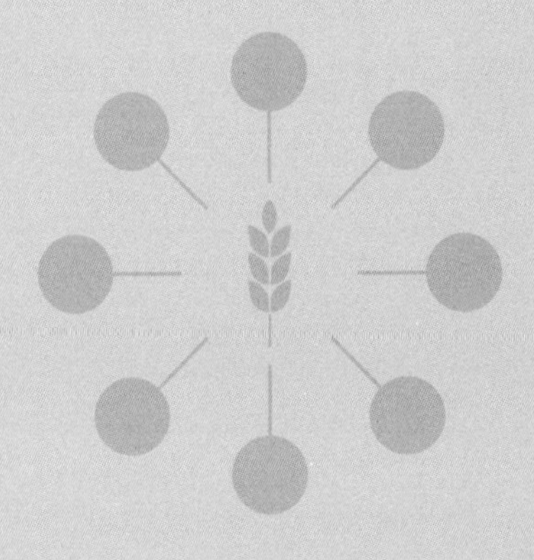

제4장

# 우주 농업의 핵심 기술, 테라포밍

◆
◆
◆
◆
◆
◆
◆
◆
◆

"곰 세 마리가 한집에 있어
아빠 곰, 엄마 곰, 아기 곰"
_작자 미상, 〈곰 세 마리〉

## 골디락스 존

과거 중국 오대십국 시대의 장수 왕언장土彦章, 863~923은 병졸로 군 생활을 시작한, 배움이 짧은 사람이었다. 글을 읽을 줄 몰랐지만, 주변 사람들에게 책을 읽어달라고 부탁하고 듣는 것을 즐겼다. 어느 날 '호랑이는 죽어서 가죽을 남기고 사람은 죽어서 이름을 남긴다'는 말에 큰 감명을 받은 그는 죽는 순간까지도 이 구절을 되새기며 살아간 덕에 후량의 개국공신으로 추대되었다. 이 구절 '호사유피 인사유명虎死留皮 人死留名'은 사람의 삶이 진실되다면 그 이름이 오래도록 남음을 이르는 말이다. 지금까지도 많은 사람이 이름을 남기기 위해 노력하며 살고 있고, 그 흔적은 우주의 여러 천체에도 남아 있다. 캘리포니아공과대학교의 마이클 브라운Michael E. Brown, 1965~ 교수는 태양계 내에서 새로운 천체를 발견해 이름 붙이는 일을 주로 하는 천문학자다. 노력의 결과로 MPC 번호 11714번 소행성에는 그의 이름이 붙어 있다. 그는 여러 연구자와 협업해 다양한 천체를 발견했다. 그중 가장 논란이 된 것은 2006년 1월에 발견한 에리스Eris였다. 불화와 이간질의 여신의 이름을 가진 에리스가 논란에 휩싸인 일은 운명 같은 것이었는데, 구체적으로는 크기가 논란의 원인이었다. 에리스는 지름이 약 2,300km이며, 명왕성보다 질량이 27% 큰 것으로 알려졌다. 마이클 브라운 교수는 에리스를 명왕성과 같은 행성으로 인정하기를 바랐고, 에리스만 왜행성으로 분류하는 것은 실망스럽다는 의견을 내비쳤다. 천체물리학자 닐 디그래스 타이슨Neil deGrasse Tyson, 1958~은 이 의견을 받아들여 국제천문연맹에 명왕성의 퇴출을 제청했고, 논리적인 근거를 제시해 결국 명왕성은 왜행성으로 격하되었다. 그는 마이클 브라운 교수와 함께 '명왕 시해자'라는 별명을 얻었다.

명왕성의 왜행성 분류 이후 사람들은 극심한 혼란을 겪었다. '수금지화목토천해명'에 익숙해졌던 사람들은 '수금지화목토천해'에 큰 어색함을 느꼈다. 명왕성은 2006년 이후에 태양계 행성에서 퇴출당했다는 이야기가 덧붙으면서 논란은 증폭

되었다. 사람들이 이런 혼란을 느낀 데는 의외로 교육적인 이유가 있었다. 많은 비판을 받고 있지만 아직도 널리 사용되는 '주입식 교육'의 대표적 사례가 태양계의 행성 이름 외우는 방식이기 때문이다. 주입식 교육은 기본적인 지식을 습득하는 과정에서 강력한 효과를 발휘한다. 학문적 성과를 목적으로 하지 않는 자격증 시험에서 아직도 주입식 교육이 성행하는 데는 이러한 배경이 있다. 어린 시절 주입식 교육이 많이 이루어지면 적은 비용으로 최단기간에 산업 현장에 투입될 인력을 양성할 수 있다. 물론 우리나라 사람들은 인재 양성의 측면에서 주입식 교육은 지양해야 한다고 잘 이해하고 있다. 하지만 주입식 교육은 완전히 사라지지 않을 것으로 보인다. 유아는 반복적인 것으로부터 학습하는 특성이 있고, 자신이 알고 있는 내용과 눈앞에 등장하는 자극이 일치할 때 큰 즐거움을 느낀다. 이러한 사례는 6년 만에 누적 시청 수 126억 회를 돌파한 핑크퐁의 〈아기 상어〉 동요에서 찾아볼 수 있다. 우리는 어린이를 붙잡고 '아기 상어'라고 말하면 바로 '뚜 루루 뚜루'가 들려오는 시대에 살고 있다.

조금 더 과거로 가보면 〈아기 상어〉 못지 않은 중독성을 자랑하는 동요가 있었다. 동요 〈곰 세 마리〉는 한집에 살고 있는 아빠 곰과 엄마 곰, 아기 곰의 이야기를 담고 있다. 우리나라에서 큰 인지도를 가진 이 동요는 주로 곰 가족의 몸매에 대한

「골디락스와 곰 세 마리」 삽화(아서 래컴)

내용으로 알려져 있지만, 실제로는 유명한 영미권의 동화에서 유래한 것이다. 『골디락스와 곰 세 마리Goldilocks and the three bears』는 19세기 영국의 동화로 몇 가지 버전이 전해지고 있다. 가장 널리 알려진 내용을 요약하자면 아래와 같다.

옛날 옛적 곰 세 마리가 숲속의 오두막에 살고 있었습니다. 엄마 곰은 식사로 뜨거운 죽을 세 그릇 만들었지만, 먹기에 너무 뜨거워 죽이 식을 때까지 아빠 곰과 아기 곰을 데리고 산책을 나가기로 했습니다. 곰들이 자리를 비운 사이 골디락스라는 이름의 어린 소녀가 오두막에 숨어들었습니다. 배가 고팠던 골디락스는 세 그릇의 죽을 먹어보려 했습니다. 하지만 큰 두 그릇의 죽은 너무 뜨겁거나 차가워 먹을 수 없었습니다. 작은 그릇의 죽은 골디락스가 먹기에 딱 좋았기에 그 자리에서 다 먹어버렸습니다. 죽을 다 먹은 골디락스는 의자에 앉아보려 했지만 두 개는 너무 커서 올라가 앉을 수 없었습니다. 작은 의자에 앉아본 골디락스는 딱 맞는 의자가 맘에 들었지만 운 나쁘게도 의자가 부서져 버렸습니다. 여러 일을 겪은 골디락스는 피곤해져 침대를 찾아보았습니다. 두 침대는 너무 크고 딱딱하거나 너무 푹신해 잠을 잘 수가 없었습니다. 적당한 작은 침대를 선택한 골디락스는 포근한 이불을 덮고 깊은 잠에 빠져들었습니다. 골디락스가 쿨쿨 자는 동안 곰 가족이 오두막에 돌아왔습니다. 아기 곰의 죽은 이미 사라졌고, 의자는 부서져 있었습니다. 게다가 침대에는 정체 모를 소녀가 자고 있는 게 아니겠어요?

이후 골디락스라는 소녀가 어떻게 되었는지는 전해지는 동화에 따라 의견이 분분하다. 골디락스가 안전하게 도망쳤을지, 끔찍한 결말을 맞이했을지 여러분의 상상력을 발휘해 보면 좋겠다. 이후 이 동화는 극단적인 두 선택지 사이에서 적절하다고 생각하는 것을 찾는 행위를 은유하게 되었다. 경제학에서는 딱 좋은 이상적인 경제 상황을 '골디락스 경제'라고 부르기 시작했으며, 중간 가격의 상품을 고르도록 유도하는 골디락스 가격 마케팅 기법이 사용되기도 한다. 천문학에서는 골디락스의 행동에 걸맞게 골디락스 존Goldilocks zone이라는 용어가 사용되고 있다. 생명체거주가능영역habitable zone, HZ으로 불리기도 하는 이 영역은 생명체가 살기에 적합한 환경을 가진 항성 주위의 궤도 범위를 뜻한다. 우리가 살고 있는 지구는 태양과의 거리가 적당해 골디락스 존 안에 위치한다. 골디락스 존 안의 행성은 표면에 충분한 대기압이 형성되어 있으며, 액체 상태의 물이 존재할 수 있는 온도를 지녔다. '두 번째 지구'나 '쌍둥이 지구'라고 불리는 지구 유사체Earth analog는 액체 상태의 물이 존재해 생물이 살 수 있을 것으로 추정되는 행성이나 위성을 말한다.

2010년에 발견된 글리제 581Gliese 581은 우리 은하 천칭자리 방향에 있는 적색 왜성으로 지구에서 20광년 정도 떨어져 있다. 적색 왜성은 태양보다 크기가 작고 항성으로 인정되는

태양계와 글리제 581의 골디락스 존 비교

가장 작은 천체다. 보통 적색 왜성은 크기가 작기 때문에 육안으로 관측하기가 불가능하다. 여러 천분대에서 수집된 자료를 바탕으로 적색 왜성과 그 주변의 행성들이 확인되었다. 거느린 행성 중 세 개의 행성에서 생명체가 거주할 가능성이 높았기 때문에 천문학자들은 뜨거운 관심을 보였다. 글리제 581c는 우리 태양계의 금성과 같은 온실효과가 강력한 천체로 여겨지고, 글리제 581d는 바다가 존재할 가능성이 높지만 지구보다 추운 행성일 것으로 추정되고 있다. 그 둘 사이에 있는 글리제 581g 행성은 글리제 581과 적절한 거리를 두고 있어 지구와 매우 유사한 환경일 것으로 생각하고 있다. 그러나 글리제 581g는 실제로 존재하지 않으며, 데이터의 분석이 잘못되어 착각한 것이라는 반박이 이어지고 있다.

NASA는 2009년 케플러 우주 망원경을 발사해 다른 항성을 공전하는 지구 크기의 행성을 탐색했다. 2018년에 은퇴한 케플러 우주 망원경은 총 53만 506개의 항성을 관찰했고 2,662개의 행성을 발견했다. 분석 결과, 우리 은하에 있는 항성들은 약 22%가 골디락스 존에 행성을 갖는다고 추정했다. 2020년 9월 천문학자들은 24개의 거주 가능 행성을 식별해 냈다. 케플러-62e, 케플러-62f, 케플러-186f, 케플러-296e, 케플러-296f, 케플러-438b, 케플러-440b, 케플러-442b는 모두 지구와 크기가 비슷하며 골디락스 존에 위치하는 행성들이다. 지금까지도 전 세계 많은 천문학자가 지구와 환경이 유사한 생명체 거주 가능 행성을 찾기 위해 노력하고 있다. 2025년 현재 63개 정도의 행성이 생명체 거주 가능성이 높은 것으로 여겨진다.

물론 실제로 지구 유사체에 탐사선을 보내는 것은 너무 어렵고 오래 걸리기 때문에 확인할 방법이 부족한 상황이다. 데이터가 더 쌓인다면 확신할 수 있겠지만, 지구와 환경이 유사한 행성이 우주 어딘가에 존재할 가능성은 우주 탐사의 원동력이 되고 있다. 생명체의 기원을 찾으려는 학자들도 이러한 행성에 많은 관심을 보이고 있다. 영화 〈인터스텔라〉는 황폐해지는 지구를 떠나 생명체가 거주 가능한 행성을 찾으려 한 여러 대원의 노력을 보여준다. 가까운 미래에 지구의 환경이 파괴되어 더 이상 인류가 생존할 수 없다면, 골디락스 존에 속한 천체를 찾아 이주하려는 계획이 점차 설득력을 얻을 것이다.

## 패러테라포밍

지구를 떠나 골디락스 존에 속한 행성으로 이주하는 상상은 가슴을 벅차게 만든다. 그러나 실제로 외계 행성으로 가는 일은 녹록지 않다. 생명체가 거주 가능한 것으로 여겨지는 가장 가까운 행성인 프록시마 센타우리b[Proxima Centauri b]는 지구에서 4.2광년 떨어져 있다. 빛의 속도인 30만 km/s로 4.2년을 항해해야 닿을 수 있는 거리다. 현재까지 인류가 만들어 우주로 보낸 탐사선 중 가장 빠른 것은 파커 솔라 프로브[Parker solar probe, PSP]다. 태양에 근접한 탐사를 위해 금성과 태양 사이의 궤도를 돌고 있는 PSP의 속도는 163km/s를 돌파했다. 이 속도마저 광속에 비하면 0.05%에 불과하다. 만약 PSP가 프록시마 센터우리b를 향해 날아간다면 77년이 넘는 시간 동안 항해해야 한다. 만약 인간을 태운 탐사선이라면 PSP보다 속도가 더 느려진다. 아직까지 인류가 가진 기술로 골디락스 존에 속한 천체들을 찾아다니기에는 부족한 것이 많은 상황이다. 결국 인류의 우주 탐사는 필연적으로 가까운 천체부터 이루어질 것이다.

지구의 위성인 달은 가장 가까운 천체이므로 당연하게

도 인류가 가장 먼저 탐사한 천체가 되었다. 지구에서 달은 약 38만 km 떨어져 있다. 만약 자동차로 달까지 갈 수 있다면 120km/h의 속도로 140일을 달려야 하는 거리다. 최초로 사람을 태운 채로 달까지 이동한 아폴로 8호와 아폴로 11호 등은 5일 이내의 짧은 비행으로 달에 도달했다. 2022년 8월 5일 대한민국에서도 달 탐사를 위해 다누리Danuri호를 발사했다. 다누리호는 아폴로 우주선과 달리 발사 후 4개월 정도의 항해를 거쳐 같은 해 12월 17일 달 상공 100km 궤도에 진입했다. 다누리호의 정상적인 임무 시작으로 대한민국은 세계에서 일곱 번째로

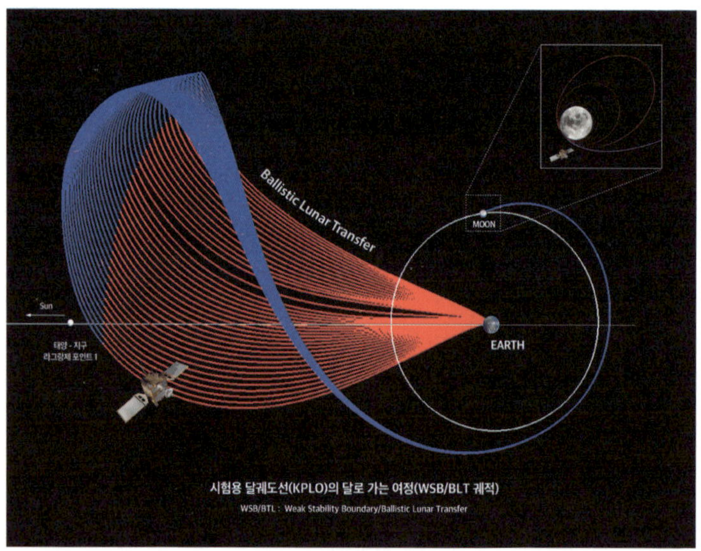


달로 이동하는 다누리호의 궤적

달 탐사에 성공한 국가가 되었다. 촌각을 다투는 우주 개발 경쟁 시기에 다누리호가 4개월씩이나 걸려 이동한 것이 선뜻 이해되지 않을 수 있다. 일반적인 무인 탐사선은 목적지까지 이동하기 위해 연료를 아끼려는 전략을 취한다. 다누리호가 사용한 달 전이 궤도ballastic lunar transfer, BLT 방식은 연료 소모량을 최소화하는 대신 시간이 걸리는 방식이었다. 만약 아폴로 계획의 우주선처럼 대원이 타고 있는 경우에는 우주 공간에서 시간을 보내는 것보다 빠른 이동이 더 효율적일 것이다. 아폴로 프로그램 등은 직접 전이direct transfer 방식을 이용했으며, 대량의 연료를 소모하지만 빠르게 목표로 접근할 수 있다.

금성이나 화성처럼 지구에서 가까운 태양계 행성까지 이동하려는 탐사선들도 도착하는 데 많은 시간이 걸렸다. 실제 비행에 사용되는 궤도가 직선이라면 빠른 이동이 가능하겠지만, 대부분의 탐사선은 연료 소모를 최소화하고자 다른 천체의 중력을 이용하는 등 시간이 걸리는 복잡한 경로를 채택하기 때문이다. 마리너 화성 탐사선과 바이킹 화성 탐사선, 패스파인더 등 다양한 화성 탐사선은 짧게는 128일부터 길게는 333일이라는 긴 시간이 걸려 화성 궤도에 접근했다. 인간을 태운 수송선은 우주에 머무는 시간이 길어질수록 많은 자원을 낭비하게 된다. 살아 있는 인간은 너무 많은 양의 자원을 소비하고 폐기물을 생산하기 때문이다. NASA에서는 화성까지 이동하는 시간을 줄이기 위해 핵에너지를 이용한 엔진을 개발하고 있다. 그러나 핵연료를 이용하면 지구상에서 우주선을 발사하는 지역에서 방사능 오염이 발생할 우려가 있다. 캐나다 맥길대학교McGill University 연구진은 레이저-열 추진 방식으로 45일 내외로 화성에 도달할 수 있는 우주선을 만들겠다는 제안을 내놓았다. 로켓과 우주선, 추진 방식 등에 관한 연구가 지속되면 지구 외의 천체에 빠르게 접근할 수 있다.

적지 않은 시간을 들여 인류가 지구 근처의 행성에 도달하더라도 근본적인 문제는 해결되지 않는다. 금성이나 화성은 가까스로 골디락스 존 안에 들어오지만, 실제로 행성의 표면은 생명체가 살기에 적합한 환경이 아니다. 지구의 위성인 달도 마찬가지다. 이러한 불모의 행성에 도착한 인류는 살아남기 위해 여러 대책을 강구해야 한다. 테라포밍terraforming은 골디락스 존 외부에 존재하는 행성 또는 위성의 대기와 온도, 지형, 생태계 등을 변화시켜 인간을 포함한 여러 생명체가 살 수 있도록 만드는 기술을 의미한다. 미국의 SF 소설가 잭 윌리엄슨Jack Williamson, 1908~2006은 1949년 『충돌 궤도Collision Orbit』라는 단편소설에서 소행성 내부에 중력 장치를 장착해 지구 수준으로 인공중력을 구현하는 기술에 '테라포밍'이라는 이름을 붙였다. 소설에서는 이 기술을 이용해 소행성 표면에 인간이 호흡할 수 있는 대기를 조성하는 장면이 등장한다. 오늘날 사용되고 있는 테라포밍의 개념과는 약간 다르지만, 인위적으로 환경을 조성해 생명체가 살 수 있는 행성을 만들어 내려는 목적은 일맥상통한다. 천문학자 칼 세이건은 1961년 과학 잡지 《사이언스》에 게재한 논문을 통해 학술적인 의미의 테라포밍 개념을 제안했다. 그는 물과 질소, 이산화탄소를 유기화합물로 전환시킬 수 있는 미생물을 이용해 금성의 대기에서 이산화탄소를 제거할 수 있으리라 전망했다. 그는 당시에 행성 공학planetary engineering이라는 용어를 사용했고, NASA에서는 행성 생태합성planetary ecosynthesis이라는 용어를 사용했다. 이후 1981년이 되어서야 테라포밍이라는 용어가 학계에도 정착했다. 테라포밍은 아직까지도 많은 논의를 거쳐 발전하고 있는 개념이며, 우주로 나아가려는 인류가 언젠가는 갖춰야 할 기술이라고 할 수 있다.

그러나 테라포밍 기술을 당장 사용하기에는 아직 해결해야 할 문제점이 많다. 먼저 다른 행성을 테라포밍하는 것이 올바른 행위인지 윤리적 문제를 해결해야 한다. 테라포밍 과정은 반드시 자연에 비윤리적인 인간의 간섭을 일으키는 것이므로 옳지 않다는 주장이 제기되고 있다. 이에 생명체에만 영향을 미치지 않으면 테라포밍을 거쳐 행성의 자연을 변화시키는 것은 문제가 없다는 반박 의견도 제기되고 있다. 대부분의 학자는 두 의견의 절충안을 택하고 있으며, 테라포밍의 대상이 되는 지역에 자생 중인 생명체가 없다면 괜찮다는 입장이다. 아직까지 외계 행성에서 생명체가 발견된 적이 없기 때문에 윤리적 문제가 격한 논쟁을 낳지는 않았다. 경제적 문제는 해결하기가 더 어렵다. 화성의 경우 대기를 지구 수준의 밀도로 만들기 위해 지구에서 재료를 가져간다면, $10^{18}$t에 달하는 공기를 가져가야만 한다. 우주왕복선이 1kg의 물건을 지구 궤도로 이동시키기 위해 얼마나 많은 비용이 들어가는지 참고하면 대략적인 비용을 계산할 수 있다. 테라포밍에 필요한 공기를 가지고 화성으로 가기 위해서는 대략 $1.90 \times 10^{23}$달러 이상의 비용이 들어간다. 이는 구매력 평가 지수 기반 세계 국내총생산World's gross domestic product by per purchasing parity, PPP GDP의 18억 배에 달하는 비용이다. 테라포밍에는 비용이 너무 많이 든다.

테라포밍을 시도하기 전 인류에게는 좀 더 작은 규모의 선택지가 주어진다. 행성 표면에 외부와 격리된 작은 공간을 만들고 공간의 내부만 테라포밍을 하는 방식이다. 패러테라포밍paraterraforming이라고 불리는 이 방식은 1992년 영국 버크벡 칼리지의 리처드 테일러Richard Taylor가 제안한 것이다. 그는 행성 표면에 작은 돔을 만드는 정도를 넘어 행성 표면 전체에 최대 3km 높이의 돔을 구축하고 내부를 관리하는 방식까지 포함시켰다. 그는 이 방식을 월드하우스worldhouse라고 불렀다. 만약 이 정도 크기의 돔 또는 행성을 뒤덮는 구가 구축된다면, 그 내부는 원예용 온실과는 사뭇 다른 환경일 것이다. 그는 돔 구축에 필요한 기술은 공학 분야에서 1960년대 이후 이미 충분히 정립되어 있기 때문에 건설할 수 있다고 전망했다. 버크민스터 풀러가 제안해 재료를 적게 쓰는 것으로 유명한 텐세그리티 tensegrity 구조도 돔 구축에 쓰일 가능성이 높다. 패러테라포밍은 본격적인 테라포밍에 비하면 행성의 환경을 적게 교란할 뿐 아니라 사용하는 자원의 양도 획기적으로 감소시킬 수 있을 것

패러테라포밍에 필요한 기체의 부피(Wong, 2021)

| 돔의 내부 용적 또는 월드하우스의 높이 | 필요한 기체의 부피($m^3$) | 테라포밍에 필요한 기체 부피에 대한 비율(%) |
|---|---|---|
| 돔의 내부 용적 | | |
| 100$m^3$ | $1.0x10^{2}$ | $8.52x10^{-15}$ |
| 1$km^3$ | $1.0x10^{9}$ | $8.52x10^{-8}$ |
| 100$km^3$ | $1.0x10^{11}$ | $8.52x10^{-6}$ |
| 1,000$km^3$ | $1.0x10^{12}$ | $8.52x10^{-5}$ |
| 월드하우스의 높이 | | |
| 10m | $1.4x10^{15}$ | 0.12 |
| 100m | $1.4x10^{16}$ | 1.23 |
| 1km | $1.4x10^{17}$ | 12.27 |

으로 기대했다. 테라포밍을 위해 필요한 어마어마한 대기의 재료에 비하면 패러테라포밍은 아주 적은 양의 기체로도 원하는 결과를 얻는다. 심지어 1km 높이로 행성 전체를 감쌀 수만 있다면, 돔이 없는 경우에 비해 12.27% 수준의 재료만으로도 내부 대기를 지구와 같은 수준으로 조성할 수 있다. 이 방식을 이용하면 테라포밍에서 발생하는 윤리적 문제와 경제적 문제를 조금이나마 완화시킬 수 있다.

하지만 패러테라포밍 방식에도 단점은 존재한다. 거대한 구조물은 항상 부식 등을 막기 위해 보수 관리가 필요하다. 대기가 제대로 조성되어 있지 않은 행성이라면 우주에서 날아오는 운석이 대기를 통과하는 동안 마찰력이 거의 없어 타버리지 않는다. 지구에서는 두꺼운 대기로 인해 대부분 타버리기 때문에 크기가 큰 경우가 아니라면 운석이 지표면에 도달하는 경우가 적다. 하지만 달이나 화성처럼 대기가 희박하면 운석이 돔 구조물을 직접 타격할 가능성이 높아진다. 따라서 패러테라포밍을 위해서는 운석 충돌로 구멍이 난 돔을 빠르게 수리할 수 있는 기술이 뒷받침되어야 한다. 군용으로 주로 쓰이는 미사일 요격 시스템으로 운석을 격추할 수 있다면 운석 충돌을 미연에 방지할 수 있다. 운석 외에도 우주로부터 날아오는 위험한 수준의 방사선도 문제가 될 수 있다. 가시광선이나 적외선 영역의 빛은 내부 생태계에 에너지원으로서 도움이 되므로 굳이 차단할 필요는 없다. 그러나 자외선이나 엑스선, 감마선 등의 고에너지 방사선은 차폐할 수 있는 재질의 돔 피복재가 반드시 필요하다. 지구상에서 이루어진 바이오스피어 2 실험에서와 마찬가지로 돔 내부 대기 중의 특정 성분이 행성 표면의 토양과 반응해 사라질 염려도 존재한다. 산소의 경우 토양에 흔한 규산염 $SiO_2$과 석회 $CaCO_3$, 철광석 $Fe_2O_3$ 형태로 흡수되어 대기로부터 손실될 수 있다. 반대로 돔 내부에 어떠한 이유에서든 유해한 물질이 농축되면 인간에게 빠르게 악영향을 미칠 수 있다. 이처럼 여러 문제점이 지적되는 상황임에도, 대부분의 초기 우주 탐사는 패러테라포밍 기술에 기반한 돔 구조물을 염두에 두고 있다. 패러테라포밍 방식은 행성 전체를 한 번에 테라포밍하기보다는 모듈식으로 필요한 만큼씩 할 수 있는 유용한 방식으로 여겨진다.

## 월면 유인 탐사 기지

17세기는 과학과 기술 발달로 인류가 큰 도약을 이룬 시기였다. 인류는 현미경으로 육안으로 보이지 않던 작은 세계를 발견하는 동시에 망원경으로 머나먼 달과 행성을 자세하게 관찰하기 시작했다. 존 윌킨스 John Wilkins, 1614~1672 박사는 해부학자이자 신학자, 수학자였다. 그의 지칠 줄 모르는 지식에 대한 열망은 우주 공간을 향해서도 뻗어나갔다. 1638년 그는 저서 『새로운 세계의 발견Discovery of a new world』에서 달에 거주지를 건설하고 지구상의 사람들과 교류할 수 있다는 아이디어를 내놓았다. 회전하는 돛과 바퀴가 달린 전차를 이용해 달에 갈 수 있다고 상상한 그는 좀 더 상상력을 넓혀나갔다. 그는 우주 공간과 달에 도달한 인류는 중력으로부터 자유로워 아무런 힘도 들지 않기 때문에 식사도 필요 없을 것이라 생각했다. 게다가 우주 공간이 끔찍한 진공 상태라는 사실을 알지 못했던 그는 지구 대기와 마찬가지로 달에서도 숨을 쉴 수 있다고 믿었다. 현대 사회에서는 받아들일 수 없는 종류의 상상력이지만, 당시에는 그의 주장이 매력적인 낙관론으로 느껴졌다. 후대 사람들은 그의 상상을 현실로 만들 수 있는 우주선과 달의 거주지를 실제로 만들어 내고 있다.

1950년대 본격적으로 달 탐사가 일어날 조짐이 보이자 많은 SF 작가와 학자는 달에 인간이 살 수 있는 기지를 만들기 위해 조감도를 그리기 시작했다. 흥미 위주의 계획만이 아니라 본격적인 달 탐사 계획이 미국과 소련을 중심으로 태동하는 시기이기도 했다. 1958년부터 미국 육군성, 해군성, 공군성은 달에 군사 기지를 건설할 수 있는지 타당성을 검토하기 시작했다. 루넥스 프로젝트Lunex Project와 프로젝트 호라이즌Project Horizon은 1967년까지 달에 요새를 건설하려는 목적으로 수행되었다.

프로젝트 호라이즌에는 달의 지하에 금속 재질의 원통을 묻어 대원의 거주지로 활용하려는 계획이 포함되어 있었다. 이 원통형 모듈은 길이 6.1m에 지름 3.0m였고, 새턴 로켓을 이용해 달로 수송되는 일정까지 잡혀 있었다. 실제로 수행되지는 않았지만 이 원대한 계획에는 18명의 대원을 위한 다섯 개의 거주용 모듈과 지질학·화학·생물학 실험 시설, 입자가속기, 전파망원경 등 자급자족을 위한 시설이 모두 갖춰져 있었다.

이에 질세라 소련은 1962년부터 1974년까지 유인 달 기지를 건설하려는 즈베즈다Zvezda라는 이름의 계획을 짜기 시작했다. 계획에 포함된 8.6m의 길이에 3.3m의 지름을 가진 원통형 거주 모듈은 전체 중량이 18t에 달했다. 각 모듈은 내부를 보호하기 위해 3중으로 된 보호막으로 둘러싸여 있었다. 이후 이어진 우주 탐사 이니셔티브Space Exploration Initiative, SEI, 1989와 국제 달 자원 탐사 계획International Lunar Resources Exploration Concept, ILREC, 1993~1994, 탐색 시스템 아키텍처 연구Exploration Systems Architecture Study, ESAS, 2005 등에는 모두 월면에 유인 탐사 기지를 건설하려는 계획이 포함되어 있었다.

이후에도 많은 사람이 월면 유인 탐사 기지의 형태를 고안하고 포함해야 하는 기능들을 상상해 왔다. 독특한 점은 1986년의 예술가가 상상한 월면 기지에서도, 1996년의 과학자가 그린 논문의 월면 기지 삽화에서도, 2016년의 만화가가 그린

우주 탐사 이니셔티브에서 계획한 달 기지의 상상도

웹툰에서도 월면 기지의 외형은 별다른 차이가 없다는 것이다. 언제나 월면 기지는 보호막이 여러 겹이거나 월면 토양에 깊숙하게 파묻혀 있는 형태를 고수했다. 달에는 대기가 없어 우주에서 날아오는 운석과 우주 방사선이 직접 월면 기지를 타격할 수 있기 때문이다. 운석은 물리적 충격을 가해 월면 기지의 벽면에 구멍을 낼 수 있다. 우주 방사선은 장시간 노출되면 대원의 생명 활동에 다양한 형태로 지장을 줄 수 있다. 일반적으로 생활하는 사람의 연간 방사선 피폭량은 1mSv 수준이지만, 우주 비행사는 연간 200mSv 수준의 방사선에 노출되는 경우가 많다. 과거 항공기 승무원의 불임율이 높은 이유가 우주 방사선이라는 사실이 면밀한 연구를 통해 밝혀졌다. 우주에서 임무를 수행하는 대원들의 건강을 위해서는 방사선이 차폐된 시설이 반드시 필요하다.

이러한 우주 방사선이 효과적으로 차폐되는 월면 기지를 제작하려면 월면에 있는 자원을 활용할수록 유리하다. 우주현지자원활용In-Situ Resource Utilization, ISRU이라고 불리는 이 기술은 우주 탐사 시 매번 지구에서 원료를 가져가기보다는 현지에 풍부한 자원을 적극적으로 활용하겠다는 개념이다. 달 표면에 풍부한 월면토는 이러한 목적으로 활용하기에 적합하다. NASA에서는 월면토를 3D 프린터의 원료로 사용해 건축용 자재를 생산하려는 연구를 진행하고 있다. 우리나라의 한국건설기술연구원에서도 월면토를 벽돌 모양으로 찍어 내거나 3D 프린터로 직접 구조물을 건설하는 방식을 연구하고 있다. 달 표면의 지반을 조사하는 시추 장비와 건설 재료를 생산하는 기술, 현지 자원을 이용한 시공에 필요한 기술들이 속속들이 개발되고 있다.

그러나 이러한 월면 기지의 가장 큰 문제점은 월면토에 파묻었기 때문에 창문이 없다는 것이다. 장기간 밀폐된 환경에 노출된 대원들의 심리적 압박감 등이 가장 큰 문제로 지적된다. 장기간 눈보라 속에 갇혀 지내는 남극 탐사 기지의 대원들 사이에서도 폐쇄된 공간에서 심리적 문제가 발생하는 것이 확인되었다. 게다가 창문이 없으면 지구상의 많은 건축물과 달리 태양에너지를 활용할 방법이 사라진다. 태양에너지를 이용할 수 없는 월면 기지에서는 식물을 재배하는 데 많은 에너지를 소비해야 한다. 현재까지 구상된 대부분의 월면 기지에서는 에너지원으로 핵에너지 발전 방식을 사용할 계획을 가지고 있다. 핵에너지는 관리를 잘해내면 별다른 문제가 없지만, 만약 사고가 발생해 방사선 등이 누출되면 기지의 폐쇄까지 염두에 두어야 한다는 단점을 갖는다. 지구상에서 창문이나 온실의 피복재로 주로 이용되는 유리나 합성수지 재질의 경질판들은 태양광을 효과적으로 투과시킨다. 더군다나 우주 방사선까지 차폐하지 못하고 투과시키기 때문에 월면 기지에서는 창문을 내기 위해 이런 재료들을 사용하기가 어렵다. 만약 거대한 돔을 구축하고 내부에 인간이 활동할 수 있는 수준까지 환경을 조성하려는 패러테라포밍을 계획하고 있다면 우주 방사선을 효과적으로 막아내면서 가시광선과 적외선 등의 태양광을 충분히 투과시키는 재질의 신소재를 개발해야 할 것이다.

밀폐된 월면 기지 내부에서 식량 생산을 위해 작물을 기르는 방식은 대부분 수경 재배와 인공광 사용 기술에 의존하고 있다. 미국 애리조나대학교에서 연구한 월면 온실lunar greenhouse은 여러 목적을 위해 개발되었다. 월면 온실은 일종의 생물학적 재생 생명지원시스템으로 월면 기지 내부에 산소를 생성하

애리조나대학교에서 설치해 운영 실험을 진행한 월면 온실(Kacira 등, 2012)

고 이산화탄소를 제거하는 기체 관리, 물의 정화, 식량 생산 등의 복합적인 목적을 가지고 있다. 월면 온실의 기본적인 골격은 알루미늄으로 이루어져 있어 가볍고, 접거나 해체해 부피를 줄일 수 있는 형태로 고안되었다. 기지 내부에서는 NASA가 우주에서 재배 가능한 후보 작물로 고려하고 있는 상추, 딸기, 고구마, 토마토 등을 재배하는 실험이 이루어졌다. 월면 온실은 총 네 차례에 걸친 반복 폐쇄 실험에 동원되었고, 9개월 동안 내부에서 작물을 재배하는 과정을 거쳤다. 하루 동안 월면 온실을 통해 이산화탄소가 0.17~0.27kg 정도 소비되었다. 이와 동시에 식물은 하루에 2.26kg이 생산되었고, 식물의 증산작용을 통해 21.4kg의 물을 얻었다. 월면 온실은 달에 차폐된 기지를 구축한다면 수경 재배를 통해 충분히 식량을 생산할 수 있다는 가능성을 보여준 장치다. 그러나 월면 기지 내부에서 패러테라포밍을 하려는 목표를 염두에 두면 아직도 갈 길이 먼 상황이다.

아폴로 계획 이후 장기간 중단되었던 유인 달 탐사는 아르테미스 계획Artemis Program으로 다시 불이 붙을 예정이다. 그리스 신화에서 아르테미스는 아폴로의 쌍둥이 누이이자 달의 여신으로, 달 탐사 임무에 이보다 적절한 이름을 찾기 어렵다. 아르테미스 계획에도 월면 유인 탐사 기지의 건설이 포함되어 있다. 물을 얻을 것이라 기대되는 달의 남극이나 아폴로 계획에서 탐사했던 지역 근처에 월면 기지가 건설될 가능성이 높다.

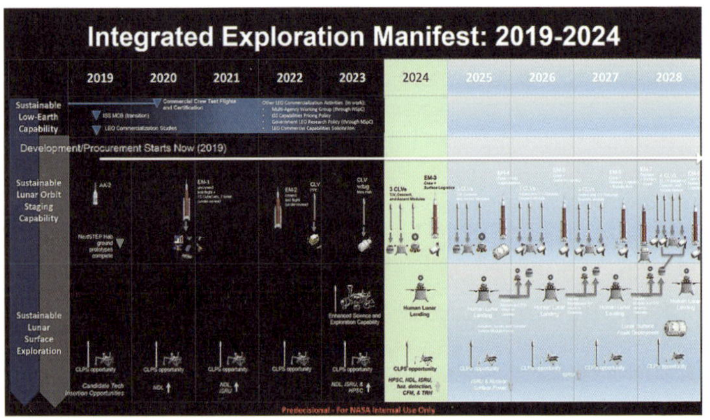


2028년까지 월면 유인 탐사 기지 건설을 목표로 하는 아르테미스 계획

2028년까지 달에 상주하는 인력을 두겠다는 이 계획이 성공한다면, 달을 넘어 화성까지 이어지는 유인 우주 탐사 시대가 열릴 것으로 많은 사람이 기대하고 있다.

## 화성 유인 탐사 기지

화성 3호, 바이킹, 패스파인더, 소저너, 오퍼튜니티, 스피릿, 피닉스, 큐리오시티, 인사이트, 톈원 1, 주롱, 퍼서비어런스, 인제뉴어티로 이어져 규칙을 찾기 어려운 이 이름들은 현재까지 화성 표면에 착륙하는 데 성공한 탐사선들을 가리킨다. 화성 표면에 도착한 탐사선들은 생체 신호를 찾고 화성의 기상과 지질, 자기 특성 등을 연구하는 목적을 가지고 있었다. 탐사선은 화성의 극한 환경에서 주어진 임무를 수행하며 많은 데이터를 지구로 전송했다. 어떤 탐사선은 계획된 임무 기간을 채우지 못하고 기능을 정지했고, 어떤 탐사선은 끈질기게 수명을 늘려가며 임무를 수행했다. 애초에 그런 목적으로 만들어진 물건이지만, 주변에 인공물 하나 찾아볼 수 없는 극한의 화성 표면에서 외로이 임무를 수행하는 탐사선에 측은함을 느끼는 사람들도 있었다. 1960년대부터 화성에 많은 탐사선을 보내온 인류지만, 아직까지 사람이 화성 표면에 착륙한 적이 없기 때문인지도 모른다. 화성에 사람을 보내겠다는 염원은 우주 탐사를 시작한 그 시점부터 사람들의 마음속에 자리 잡고 있었다.

현재 많은 국가와 민간 조직은 10~30년 안에 화성에 사람을 보내려는 계획을 추진하고 있다. 우주 탐사의 선두 격에 선 미국은 2004년 조지 W. 부시George W. Bush, 1946~ 대통령이 발표한 우주 탐사 비전Vision for Space Exploration에 따라 구체적인 계획을 세웠다. 이후 미국의 여러 대통령도 우주 정책을 제안하며 계획은 점차 세밀해졌다. 미국은 태양계와 그 바깥의 우주를 지속적으로 탐사하기 위한 목표를 가지고 있다. 과거 달에 도달했지만 한동안 이루어지지 않았던 인류의 우주 진출을 가속화하고, 화성과 기타 천체에 인류가 발을 내딛기 위해 여러 기술을 개발하고 있다. 이하는 2004년 조지 W. 부시 대통령의 우주 정책에 관한 연설 중 일부다.

> 달로 돌아가는 것은 우리 우주 프로그램의 중요한 단계입니다. 달에 인간의 존재를 확장하면 추가 우주 탐사 비용을 크게 줄일 수 있어 더욱 야심 찬 임무를 수행할 수 있습니다.
>
> (중략)
>
> 달에서 얻은 경험과 지식을 바탕으로 우리는 우주 탐사의 다음 단계인 화성과 그 너머 세계에서 임무를 수행할 준비가 될 것입니다. 로봇 미션은 선구자 역할을

할 것입니다. 이러한 종류의 탐사선, 착륙선 및 기타 차량은 멋진 이미지와 방대한 양의 데이터를 지구로 다시 보내면서 계속 그 가치를 입증하고 있습니다. 그러나 지식에 대한 인간의 궁극적인 갈증은 가장 생생한 사진이나 가장 상세한 측정으로도 채울 수 없습니다. 우리는 직접 보고 조사하고 만져야 합니다. 그리고 오직 인간만이 우주 여행으로 인한 불가피한 불확실성에 적응할 수 있습니다. 우리의 지식이 향상됨에 따라 우리는 더 먼 여행을 지원할 수 있는 새로운 발전 추진 장치, 생명 유지 장치 및 기타 시스템을 개발할 것입니다. 우리는 이 여정이 어디에서 끝날지 모르지만 이것만은 알고 있습니다. 인간은 우주로 향하고 있습니다.

아폴로 11호의 우주 비행사 버즈 올드린은 달에 사람을 보내는 계획이 "새로운 승리가 아니라 과거의 영광을 좇는 행위"라고 불평했다. 게다가 비용 문제로 당초 계획했던 것보다 기술 개발이 늦어졌고, 우주 탐사는 점차 일정이 밀리기 시작했다. 미 의회에서도 찬반 양론이 팽팽했지만, 최종적으로는 NASA에 자금을 지원하는 법안을 통과시켰다. 우주 탐사에 대한 인류의 열망은 앞으로도 계속될 것이다.

민간 분야에서도 인류의 우주 탐사에 대한 열망을 적극적으로 활용했다. 2011년 네덜란드의 기업가 바스 란스도르프Bas Lansdorp는 마스 원Mars One 프로젝트를 제안하며 민간 비영리단체를 설립했다. 마스 원 프로젝트에는 화성에 인간을 보내기 위해 대원을 선발하는 과정이 포함되어 있었다. 최초 계획에는 2026년에 화성으로 이주해 지구로 돌아오지 않는 편도 임무를 위한 대원을 선발하는 내용이 들어 있었고, 사람들은 이 무모해 보이는 계획에 열광했다. 2013년 1차 선발 때 107개 국가에서 1,058명의 인원이 화성으로 떠나는 임무에 지원했다. 2차 선발 때 남녀 각 50명씩 총 100명이 남게 되었다. 계속된 선발 과정을 거쳐 마스 원 프로젝트에는 24명의 대원이 최종 선발되었고, 네 명으로 구성된 여섯 개의 그룹을 구성해 화성 탐사를 위한 여러 훈련을 거치고자 했다. 마스 원 프로젝트의 운영 자금은 기부금으로 대부분 충당되었고, 리얼리티 TV쇼와 상품 판매, 크라우드 펀딩 등 다양한 방법이 동원되었다.

마스 원 프로젝트는 체계적인 계획이 있는 것처럼 보였다. 화성 표면에 성공적으로 착륙한 피닉스 착륙선의 기술을 활용해 화성에 도달하고, 80km 거리를 이동할 수 있는 로버를 이용해 거주지를 구성할 계획이 있었다. 스페이스X의 드래건 모듈을 이용한 거주지 구성 콘셉트 아트는 화성에 정말로 사람이 살 수 있는 거주지를 구성할 것처럼 느껴지게 만들었다. 대원

마스 원 프로젝트의 타임라인(Do 등, 2014)

| 시기 | 적용 기술 |
|---|---|
| 2018년 | 화성 표면 착륙 탐사선 기술 실증 |
| 2020년 | 거주지 구성과 대원 이동, 토양 수집 로버 |
| 2022~2023년 | 500m$^3$ 용적을 가진 여섯 개의 거주지 모듈 설치 |
| 2024년 | 화성 이주를 위한 수송선 |
| 2025년 이후 | 대원 수 증원를 위한 거주지 모듈 확장 |

의 생명 유지를 위한 우주복과 생명지원시스템의 공급에 관해 업체와 계약을 체결했다는 긍정적인 기사도 속속들이 보도되었다. 지원자들은 이 역사적인 화성 유인 탐사 계획을 믿어 의심치 않았다.

그러나 많은 사람이 이 멋진 계획에 의문을 가지고 있었다. 스페이스X는 마스 원 프로젝트와 협력하기를 거부했고, 우주복과 생명지원시스템은 보급을 과다하게 요하는 것들이었다. 조지워싱턴대학교George Washington University의 우주정책연구소 소장 존 로그즈던John Logsdon은 마스 원 프로젝트가 사기극으로 보인다는 의견을 내비쳤다. 많은 전문가가 프로젝트에서 계획한 예산으로는 화성에 사람을 보낼 수 없다는 분석을 내놓았다. 미심쩍은 프로젝트에 날선 비판을 가한 것은 메사추세츠공과대학교Massachusetts Institute of Technology, MIT의 여러 공학자였다. 올리버 드 웩Olivier de Weck 교수와 시드니 도Sydney Do 박사 등 MIT의 공학자들은 마스 원 프로젝트에서 인간을 화성에 보내기 위해 필요한 생명지원시스템 구조에 관해 정밀한 분석과 시뮬레이션을 시도했다. 화성에 거주지를 건설하려면 현장의 자원을 활용해야 하며, 재보급을 위한 물류와 예비 부품은 도달하는 데 너무 많은 시간이 소요되거나 큰 비용이 들어 충분한 양을 확보하기 어렵다. 시뮬레이션 결과 마스 원 프로젝트에서 제시한 질소와 산소, 물을 생성하려면 지구에서 재보급을 받아 전체 필요량의 62%를 충당해야 했다.

대원들이 섭취할 식량에 대한 계획이 얽혀들며 문제는 더욱 복잡해졌다. 마스 원 프로젝트에서 제시한 대원의 일평균 열량 요구량은 3,040.1kcal이고, 이는 식물을 재배해 대원들에게 매일 100% 제공해야 하는 분량이었다. 일반적인 식단을 구성할 때, 2,067.2g의 탄수화물과 364.8g의 단백질, 270.2g의 지방이 필요한 상황이었다. 마스 원 프로젝트에서는 50m$^2$의 면적에서 충분한 식량을 생산할 수 있다고 장담했다. 그러나 MIT의 분석 결과, 상추, 땅콩, 콩, 고구마, 밀 등 어떤 작물을 조합해 재배해도 180m$^2$ 이상의 면적이 필요했다. 재배 면적을 확보하기 어려운 협소한 우주 기지 내부에서는 다단식 재배를 선택하게 된다. NASA에서는 바이오 매스 생산을 위해 1990년대에 이미 BIO-Plex라는 다단식 수경 재배 시스템을 고안했다. 다년간 연구를 통해 달과 화성에 BIO-Plex를 설치하면 최대 10년 동안 유지할 경우 전기 사용량에 대한 손익분기점을 넘을 것으로 기대했다. 그러나 이런 바이오 매스 생산 시스템의 전기 사용량을 감당하려면 지구에서 재보급이 이루어지거나 현지 자원을 활용할 수 있는 기술이 더욱 발전해야 한다는 주장이 있었다.

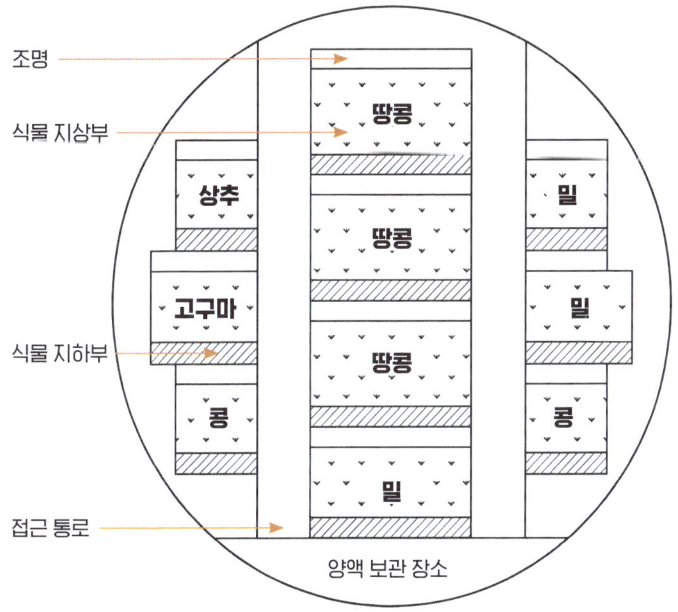


NASA에서 개발한 바이오 매스 생산 시스템 BIO-Plex의 구조도(Do 등, 2014)

마스 원 프로젝트 운영진이 이러한 수직 농장 구조를 선택한다면 좁은 면적에서 식량을 생산하는 문제가 해결될 것처럼 보였다. 그러나 MIT의 연구진은 바이오 매스 생산을 위한 장치가 기지 내부의 산소 농도 등 기체 조성에 미칠 영향까지 고려했다. 화성 현지의 자원을 활용하지 않는 경우 대원들은 임무가 시작되고 68일 후 산소 부족으로 질식할 처지에 놓였다. 반대로 산소 몰 분율은 점차 높아지며 기지 내부에 화재가 발생할 위험 수치에 도달했고, 상대습도는 100%에 가깝게 치솟아 대원들의 불쾌감을 조성하기에 충분한 수준이었다. 기체 조성을 관리하기 위해 대원이 거주하는 공간과 식물을 생산하기 위한 공간을 구분하더라도, 화성 현지 자원을 활용하기 이전에는 식량의 일부를 지구에서 보급받아야 한다는 결론이 내려졌다.

마스 원 프로젝트의 성공적인 임무 수행을 위해서는 물자 보급에 이용할 팰컨 헤비Falcon Heavy 로켓 여섯 대로는 부족하며, 15대 이상이 필요한 상황이었다. 공학자들은 모든 물자 이송에는 약 45억 달러 이상의 비용이 들 것이라고 뼈아픈 결론을 내렸다. 드 웩 교수는 마스 원 프로젝트가 절대로 실현 불가능한 것은 아니라고 강조했다. 앞으로 현지 자원을 활용하는 기술이 충분히 발달하면 화성에 인간을 보낼 수 있다는 것이다. 그러나 마스 원 프로젝트에서 내건 조건으로는 대원의 안전을 보장할 수 없는 '자살 임무'라는 비판 의견이 나왔다. 마스 원 프

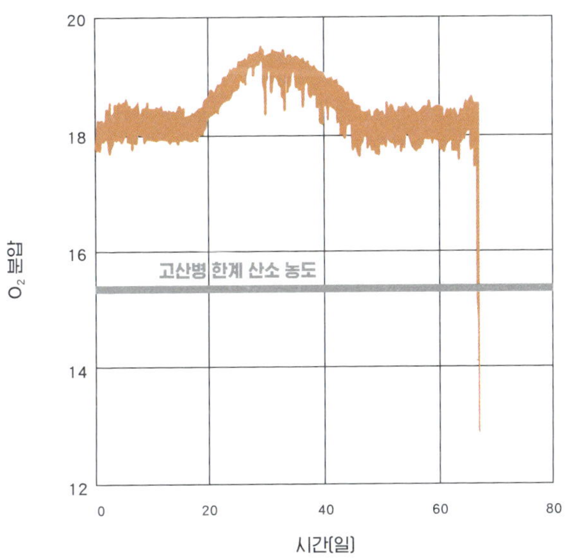


마스 원 프로젝트의 조건에 따른 생명지원시스템 내부의 산소 분압의 하락(Do 등, 2014)

로젝트는 이런 비판 앞에 당당할 수 없었다. 2015년 열린 토론회에서 바스 란스도르프 대표는 마스 원 프로젝트의 유인 화성 탐사 계획이 대부분 허구라고 인정했다. 이후 2019년 마스 원은 모든 계획을 청산하고 파산한다.

NASA는 화성의 유인 탐사를 위해 더욱 전략적인 태도를 취했다. 2015년 화성으로의 여정Journey to Mars 계획을 통해 체계적인 화성 유인 탐사를 제안했다. NASA가 제안한 전략적 원칙은 다음의 일곱 가지다.

- 단기적으로 현재의 예산에서 실행하며, 장기적으로 경제 성장에 맞춰 예산을 변경해 계획을 추진한다.
- 탐사를 통해 과학기술을 발전시키며, 발전한 과학기술을 이용해 탐사를 추진해 나간다.
- 단기적으로 기술 성숙도technology readiness level, TRL가 높은 기술을 적용하며, 미래의 임무를 위한 기술에 지속적으로 투자한다.
- 인간과 로봇을 모두 활용한 단기 임무를 수행해 점진적으로 더 복잡한 장기 임무를 수행하기 위한 역량을 높인다.
- 미국의 사업 기반과 경험을 강화하기 위해 상용 비즈니스 기회를 제공한다.
- 각 임무가 끝나면 후속 임무를 지원하기 위해 다용도의 진화 가능한 인프라를 갖춘 탄력적인 아키텍처를 활용하며, 주요 개발을 최소화한다.
- 현재 운영 중인 국제우주정거장의 협력 관계를 이용하고, 탐사를 위한 새로운 국제적·상업적 협력 관계를 구축한다.

NASA는 국제적 협력 외에도 민간 분야의 협력을 갈구했고, 스페이스X, 록히드마틴, 보잉 등은 NASA와 긴밀한 협조

관계를 구축하고 있다. 그중 일론 머스크는 화성의 식민지화를 위해 스페이스X를 창업한 것으로 유명하다. 화성에 영구적으로 사람이 살 수 있는 기지를 건설하려면 여러 기술이 어우러져야 한다. 스페이스X에서는 완전히 재사용이 가능한 발사체와 인간을 안전하게 수송할 수 있는 수송선, 궤도상의 연료 보급 탱크, 발사와 착륙을 수행할 수 있는 마운트, 현지 자원을 활용한 연료 생산 기술 개발에 집중하고 있다. 화성을 식민지로 만드는 과정은 윤리적 문제와 경제적 문제로 뒤엉켜 있지만, 언젠가는 인류가 나아가야 할 방향이다. 모종의 이유로 지구가 더 이상 생명을 품을 수 없는 행성이 되었을 때, 인류는 지구를 떠날 준비가 되어 있어야 한다.

## 화성 테라포밍

영구적으로 거주할 수 있는 화성 표면의 유인 기지가 건설된 이후라면 인류는 화성의 테라포밍을 시도할 수 있다. 많은 과학자와 SF 소설가, 예술가가 상상력을 동원해 여러 천체의 테라포밍 가능성을 탐색하는 중이다. 하지만 우주의 수많은 천체 중 테라포밍 가능성이 가장 높은 천체로 화성이 꼽힌다. 화성은 과거 태양계가 형성되던 어떤 시점에 골디락스 존 안에 위치했을 가능성이 높기에 테라포밍에 유리한 점이 많다. NASA와 내셔널지오그래픽, 디스커버리채널이 공동으로 제안한 녹색 화성The Green Mars 테라포밍 계획은 다음의 순서로 진행된다.

**1. 대기 조성**(90년)

- 암모니아, 탄화수소, 수소, 염화불화탄소 화합물을 대기에 투입해 대기 조성을 변화시키고 기압을 상승시킨다.

**2. 물 조성**(120년)

- 빙하를 녹이거나 주변 소행성에서 채취한다.
- 기온을 높인 후 인공 강우를 일으킨다.

**3. 기온 상승**(150년)

- 대기에 화합물을 투입해 온실효과를 일으킨다.
- 화성 궤도상에 거대한 거울을 설치해 화성 표면에 도달하는 태양광을 늘린다.
- 화석연료를 연소시키거나, 핵폭탄을 폭발시키거나, 주변 소행성을 화성에 충돌시켜 열을 공급한다.

**4. 식물 도입**(50년)

- 인공 미생물을 화성 표면에 뿌린다.
- 유전 공학을 통해 강화된 식물을 심는다.

**5. 식민지 건설**(70년)

- 레이저 추진 우주선을 통해 지구와 화성 사이의 왕복을 가능하게 한다.
- 3D 프린터를 이용해 건물을 건설한다.

• 도시를 건설한다.

테라포밍 계획의 모든 단계를 완성하려면 최대 480년이 소요되며, 5,500조 원 정도의 비용이 들 것으로 예상하고 있다. 아직 충분한 수준으로 개발되지 않은 기술들은 앞으로 테라포밍을 진행하는 동안 발달하며 충족될 것이라고 생각하는 낙관적인 계획이다. 그러나 인간의 일생과 비교했을 때, 테라포밍의 완료까지는 너무 긴 시간이 소요된다. 기간을 단축시키기 위해 1~3단계는 동시에 수행될 가능성이 높으며, 4단계와 5단계도 마찬가지다.

지구에 대기가 없었다면 지표면의 평균온도는 영하 18℃ 정도를 나타냈을 것이다. 지구의 대기는 온실효과를 일으키는 여러 기체가 섞여 있기 때문에 현재와 같은 상온의 지표면 온도를 갖게 된다. 온실 기체는 지구상에서 우주로 나가는 적외선을 흡수해 대기 중에 가두는 방식으로 열을 보관한다. 피복재를 씌운 온실에서 일어나는 기온 상승과 유사한 원리를 보여주기 때문에 '온실 기체'라는 이름이 붙었다. 최근 지구에서는 인류의 화석연료 사용으로 대기 중 온실 기체 농도가 증가해 기후변화 위기를 맞이하고 있다. 기후변화는 지구상의 여러 생명체의 한살이와 생태계에 영향을 미치기 때문에 21세기의 큰 문제로 지적받고 있다. 그러나 화성을 테라포밍 하는 과정에서는 온실 기체를 적극적으로 활용해야 한다. 1988년에 설립된 '기후변화에 관한 정부 간 협의체Intergovernmental Panel on Climate Change, IPCC'에서는 주기적으로 여러 온실 기체가 지구온난화에 미치는 영향력을 수치화해 발표하고 있다. 예를 들어, 삼염화플루오린화탄소$CCl_3F$는 대기 중에서 수명이 52년이며, 20년 동안 지구온난화에 이산화탄소$CO_2$보다 8,321배 큰 영향을 미친다. 화성은 약 40억 년 전에 자기권을 잃고 대기 성분이 우주로 날아가 버려 대기층이 희박하다. 희박한 대기는 온실효과를 적게 일으켰고, 화성의 평균 표면온도는 영하 60℃ 정도가 되었

온실가스별 수명과 지구온난화지수(IPCC, 2021)

| 종류 | 수명(년) | 20년간 지구온난화지수(GWP) |
|---|---|---|
| $CO_2$ | - | 1 |
| $CH_4$ | 11.8 | 82.5 |
| $N_2O$ | 109 | 273 |
| $CH_2F_2$ | 5.4 | 2693 |
| $CH_2FCF_3$ | 14 | 4144 |
| $CCl_3F$ | 52 | 8321 |
| $CF_4$ | 50,000 | 5301 |

다. 화성 테라포밍의 1단계에서 대기를 조성하고, 3단계에서 기온을 높여 생명체가 살 수 있는 수준을 만들기 위해 인위적으로 염화불화탄소 등의 물질을 대기 중에 살포하는 방식을 쓸 수 있다.

화성의 기온을 높이기 위한 좀 더 과격한 방법으로는 폭탄을 사용하는 것이다. 1996년 NASA의 제트 추진 연구소에서 개발해 발사한 화성 글로벌 서베이어Mars Global Surveyor, MGS와 2014년 인도 우주 연구 기구Indian Space Research Organisation, ISRO에서 개발해 발사한 화성 궤도선 임무Mars Orbiter Mission, MOM는 화성 표면의 지질학적 특징을 탐사하기 위해 각각 10여 년간 화성 궤도에서 임무를 수행했다. 화성 표면의 여러 지형을 촬영하는 데 성공한 MGS와 MOM은 화성의 극지방에 쌓인 얼음층의 변화를 관측하는 성과도 이루어 냈다. 화성의 북극에 쌓인 만년설 대부분은 물이 얼어서 생긴 것으로, 얇은 드라이아이스층을 가지고 있다는 것이 밝혀졌다. 화성의 '극관'이라고 불리는 이 얼음층은 먼지가 쌓인 상태에 따라 태양열을 받아 녹는 정도가 달라진다. 알베도albedo는 물체가 얼마나 흰색인지를 나타내는 개념이었지만, 최근 학계에서는 빛을 얼마나 반사하는지를 나타내는 개념으로 확장되어 '반사율'로 불리기도 한다. 눈이나 얼음은 태양광을 많이 반사하기 때문에 알베도가 높고, 결과적으로 기온이 낮아진다. 일론 머스크는 만년설로 덮인 화성

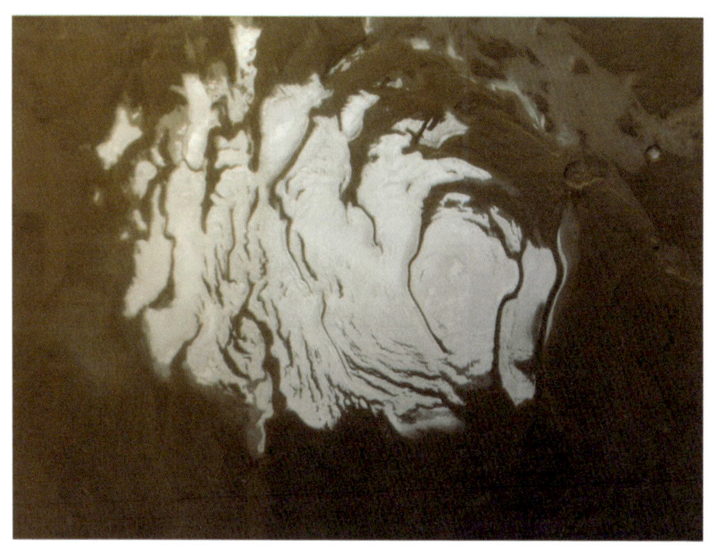

화성의 극관

의 극관에 핵미사일을 1만 개 이상 터뜨리면 만년설이 녹으면서 알베도가 감소하고, 드라이아이스가 기화되어 온실 기체로 작용해 기온이 올라갈 것이라 주장했다. 현재 세계 각국이 보유한 핵미사일의 대부분을 화성에 터뜨려야 하기에 비현실적이라는 비판도 받아왔지만, 화성의 극관을 녹이는 동시에 다른 목적도 함께 달성할 수 있다는 장점이 있다.

1976년 바이킹 궤도선은 화성 표면을 촬영해 물이 흘렀던 것이 분명해 보이는 여러 지형을 발견했다. 망원경을 통해 관측했을 때도 많은 계곡이 보였기 때문에 화성에는 과거에 물이 많았을 것으로 추측할 수 있다. 2004년 화성 표면을 달리던 오퍼튜니티 탐사선은 자로사이트jarosite라는 광물을 발견했다. 자로사이트는 염기성을 띠는 함수 황산염으로 산성수가 흐르는 광산에서 주로 발견되는 광물이다. 스피릿 탐사선도 물이 있을 때 형성되는 석고를 발견해 과거 화성에 물이 존재했다는 지질학적 증거들을 수집했다. 그러나 과거에 많았던 물이 지금은 어디에 있는가 하는 문제는 계속해서 의문으로 남아 있다. 가장 설득력 높은 두 가지 가설은 얼어붙은 바다 위에 얇은 암석층이 형성되었다는 것과, 얼어붙은 바다가 승화되어 대기 중에 수증기로 날아가 우주로 손실되었다는 것이다. 화성에는 소금물의 형태로 지하수가 흐를 가능성이 제기되고 있지만 확실히 밝혀진 것은 아니다. 그러나 화성 극관의 만년설은 비교적 깨끗한 물이 얼어서 생긴 것이라는 관측이 계속 이어지고 있다. 만약 방사능이 발생하지 않는 수소폭탄 등을 터뜨려 화성 극관을 녹일 수 있다면 테라포밍에 필요한 많은 양의 수분을 만들어 낼 수 있을 것이다. 방사능 문제가 해결되지 않는다면 화성 근처의 소행성이나 근처를 지나는 혜성 중 물을 함유하고 있는 것들의 궤도를 변경시켜 화성의 극관에 충돌시키는 방법을 활용할 수도 있다. 그러나 소행성과 혜성의 물 함유량이 많더라도 테라포밍에 충분한 양의 물을 전부 공급하는 일은 어려울 것으로 보인다.

화성 테라포밍의 2단계와 3단계에 해당하는 물의 공급과 기온의 상승을 성공적으로 이끌었다 해도, 대기의 조성을 인간이 호흡하기에 충분한 수준으로 변화시키는 것은 매우 어려운 문제다. 그러나 4단계에서 사용할 기술이 1단계의 대기 조성 목표를 더 빨리 이룰 수 있도록 도울 가능성이 있다. NASA에서는 혁신적인 아이디어를 가진 연구자들에게 자금을 지원하기 위해 NIAC^NASA Institute for Advanced Concepts^ 프로그램을 운영하고 있다. 테크샷^Techshot^은 NASA의 프로그램에 힘입어 화성에서 산소를 생산해 낼 수 있는 박테리아와 조류를 활용하는 장치를 고안했다. 화성 토양에 스크루 방식으로 파고들어 설치하는 이 작은 장치는 태양광을 받아 내부의 박테리아와 조류가 광합성을 할 수 있도록 만든다. 전체 길이는 7cm 정도로 화성 탐사용 로버가 설치할 수 있는 구조로 만들어졌다. 광합성의 결과물로 산소가 생성되므로 화성에서 자체적으로 산소를 만들어 낼 수 있는 기술이라 평가받고 있다. 주로 화산 지대의 간헐천과 같은 극한 환경에서 서식하는 미생물을 활용하는 이 방식은 수억 년 전 지구에서 일어났던 일을 모방해 화성 대기에 산소를 공급한다. 2015년 아칸소대학교^University of Arkansas^의 연구진은 메탄 생성균의 일부 종이 화성의 저기압 대기 상태에서도 살아남아 메탄을 생성할 수 있다는 결과를 발표했다. 지구상에 존재하는 여러 박테리아 중 생존 가능성이 있는 것을 선별해 화성 표면에 뿌린다면, 인공 구조물의 도움 없이 화성에서 대기 조성을 바꿀 가능성이 보인다.

녹조류와 남조류가 균류와 공생해 형성되는 지의류는 화성의 테라포밍에 유용하게 쓰일 것이다. 지의류는 북극이나 사막, 화산암 지대 등 일반적인 식물이 살기 어려운 극한의 환경에서도 생존하며 광합성을 수행한다. 아직까지 화성의 환경 조건에서 생존이 가능한 지의류는 판별되지 않았다. 만약 가능성이 있는 지의류가 있다면, 포자가 담긴 액체를 화성 표면에 분사하는 방식으로 대량 번식시킬 수 있다. 지의류는 어두운 색을 지니기 때문에 화성 표면의 알베도를 감소시킬 수 있으며, 암석의 풍화작용을 일으켜 화성의 토양 형성에 기여할 수 있다. 지의류가 정상적으로 화성 표면에 자생할 수 있는 환경이 된다면, 좀 더 나아가 이끼류의 생존도 가늠해 볼 수 있다. 산림청에서 발표한 통계에 따르면, 지구에서 연평균 500건에 가까운 산불이 발생하고 있으며, 매년 1,000ha 이상의 삼림이 파괴되고 있다. 산불로 피해를 입은 지역을 복원하기 위해서는 인력과 장비가 많이 투입되어야 하지만, 이끼 포자를 살포하는 방식으로 친환경적인 복구가 가능하다. 국내에서도 코드오브네이처와 같이 피해 토양의 생태적 복구를 위해 이끼를 사용하는 사례가 등장하고 있다. 박재홍 대표는 드론을 이용해 피해 토양에 이끼 포자 배양 키트를 살포하는 방식으로 복원 속도를 높일 수

이끼 포자 배양 산림 복구 키트(코드오브네이처)

있다고 말한다. 화성의 테라포밍에도 이끼를 살포하는 방식으로 생태적 천이를 가속화할 수 있을 것으로 보고 있다.

갓 생성된 척박한 땅에는 지의류나 이끼 같은 식물이 처음으로 등장하며, 이후 시간이 흐르면서 풀과 관목이 우거진 초원을 거쳐 침엽수들이 자라는 숲으로 변화한다. 침엽수가 가득한 숲에서도 활엽수는 싹을 틔워 자랄 수 있으며, 변화의 최종 단계에는 활엽수가 들어찬 숲이 형성된다. 이렇게 시간의 흐름에 따라 해당 지역의 생물 종이 일정한 방향으로 변화하는 현상을 '생태적 천이'라고 부른다. 그러나 천이 단계는 항상 활엽수림까지 진행되는 것은 아니며, 기후 조건에 따라 초원이나 관목 숲 단계에서 멈추기도 한다. 만약 지역의 기후 조건과 생물의 구성이 맞아떨어져 장기간 안정된 상태가 된다면 이 상태를 '극상'이라고 부른다. 주로 극상 상태에 있는 낙엽활엽수림은 전 세계 삼림 면적의 30%를 차지하며, 참나무와 단풍나무, 밤나무 등으로 구성된다. 지구상의 자연 상태에서 낙엽활엽수림의 천이 단계가 완료되기까지는 약 1,000년 정도의 시간이 필요하다. 테라포밍의 마지막 단계에서는 고등식물이 화성 표면에 정착할 수 있어야 한다. 2006년 우크라이나와 네덜란드의 공동 연구진은 달 토양에서 사용할 수 있는 개척 식물에 관한 연구를 수행했다. 개척 식물로 실험에 사용된 것은 관상용으로 가치가 높은 만수국(마리골드) 종류였다. 개척 식물의 가장 큰 역할은 대원들에게 식량과 산소를 제공할 2차 식물을 재배하기에 적합하도록 유기물이 많이 함유된 비옥한 토양을 만드는 것이다. 개척 식물의 잔여물은 생물학적 재생 생명지원시스템의 효과나 생태적 분해자의 효과로 퇴비가 되고, 달의 토양에 투입되어 유기물로 기능한다. 이후 네덜란드 와게닝겐대학교의 연구진은 달과 화성 토양 모사체에 유기물을 혼합해 토마토, 무, 호밀, 시금치, 부추 등 농업에서 흔히 사용되는 작물을 재배할 수 있다는 것을 보여주었다. 연구진은 후속 실험에서 인간의 대소변을 모방한 양분이 든 용액을 추가했다. 연구 결과, 달의 인공 토양보다 화성의 인공 토양에서 작물의 재배가 더 원활했다. 토양의 상태로 미루어 보면, 이끼류가 성공적으로 정착한 화성의 토양에서는 개척 식물이 자란 이후 다양한 식물종이 자랄 수 있는 상태가 되어 점차 지구의 토양과 같이 비옥해질 것으로 기대된다. 테라포밍의 4단계가 완료되면 지구와 같은 방식으로 화성의 표면에서 농업을 수행할 수 있을 것이다.

화성에 영구적으로 인간이 거주할 수 있는 식민지를 건설하는 패러테라포밍 과정은 테라포밍의 1단계 계획보다 먼저 수행될 것이다. 지구에 비해 태양광의 세기가 약한 화성에서는 거주지 운영에 부족한 에너지를 다른 방식으로 충당해야 한다. 군사용 목적으로 장기간의 정보 수집 등을 위해 해저에서 오래 머무는 잠수함과 같이 화성 유인 기지는 핵에너지로 에너지를 충당하는 것이 효율적이다. 에너지 수급 문제가 해결된 인류는 밀폐 공간 안에서 물질이 순환할 수 있는 정착지를 건설할 것

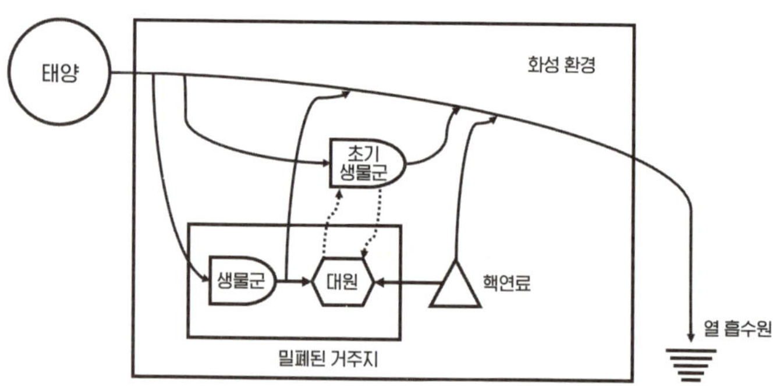

패러테라포밍에서 테라포밍으로 진행하는 과정 중 화성 표면의 에너지 흐름 모식도

이고, 생명지원시스템의 여러 기술이 이를 가능하게 할 것이다. 패러테라포밍에 익숙해진 인류는 조금씩 화성 표면으로 생물이 거주 가능한 환경을 만들어 나갈 것이다. 화성의 대기 조건과 토양 조건에 적합한 생물을 이용해 만들어진 최초의 생물권은 좁은 지역에서 인간의 도움을 받아야만 그 형태를 유지할 수 있다. 그러나 점차 확대되어 나가는 생물권은 화성의 표면 전체를 덮을 것이고, 마침내 화성에서 인류가 돔 지붕을 벗어나는 시기가 도래할 것이다.

스웨덴의 스톡홀름대학교에서 화학 박사 학위를 취득하고 대학교와 고등학교에서 교육하고 있는 야코브 프뤽셀리우스Jacob Fryxelius는 테라포밍 기술에 관심이 많았다. 2016년 그가 제작한 보드게임 〈테라포밍 마스Terraforming Mars〉는 발매 후 현재까지 보드게임 랭킹 최상위권에 머물고 있다. 2135년 지구의 자원이 고갈되어 인류는 화성으로 이주할 계획을 세운다. 화성의 테라포밍에 나서는 기업은 세계 정부로부터 자금을 지원받을 수 있다는 배경 설명과 함께 게임이 시작된다. 게임을 시작할 때 화성 표면의 기온은 영하 30℃이며, 산소 농도는 0%, 해수량은 0이다. 기업들은 여러 활동을 통해 기온을 영상 8℃까지 상승시켜야 하며, 지구의 고산 지대와 유사한 수준으로 산소 농도를 14%까지 끌어올려야 한다. 〈테라포밍 마스〉는 화성의 테라포밍에 실제로 사용될 가능성이 높은 기술들을 게임상에서 직접 체험할 수 있도록 게임 카드에 다양한 사례를 녹여낸 것이 특징이다. 〈테라포밍 마스〉 보드게임은 최근에 디지털 버전으로 이식되어 많은 인기를 끌고 있다. 프랑스의 인디 게임 개발사 미주 게임즈Miju Games에서는 화성의 테라포밍을 체험할 수 있는 〈플래닛 크래프터The Planet Crafter〉를 개발했다. 플레이어는 화성의 테라포밍에 동원된 죄수가 되어 형량을 줄이기 위해 테라포밍에 매진해야 한다. 〈테라포밍 마스〉 보드게임에 비해 간소화되거나 상상력을 발휘해 만들어진 세부 요소가 많지만, 오픈 월드 형식으로 플레이어의 자유도가 높다는 점에서 〈플래닛 크래프터〉는 좋은 평가를 받고 있다. 미래의 기술을 다루는 SF 테마의 게임들은 테마에 몰입할 수 있도록 과학적인 지식이 들어 있어야 한다. 테라포밍을 테마로 하는 게임들이 계속 등장하고 있어 화성에 가기 전 다양한 테라포밍 방식을 시뮬레이션해 볼 수 있다.

아직 화성에 발자국을 남기지 못한 인류지만, 앞으로는 분명 화성 위를 걷게 될 것이다. 지구에서 인류가 벌였던 식민주의의 실패와 환경적 재앙에서 배운 바가 있다면, 화성에서는 조금 더 나은 모습을 보여줄 수 있을 것이다. 농업에 관해 인류가 쌓아 올린 지식은 화성에 도착한 인류의 생존을 위해 활용할 것이며, 화성에서 미래를 맞이하는 후세대에게 용기를 불러일으킬 것이다.

# 에필로그: 우주 농업의 미래

"우린 답을 찾을 것이다. 늘 그랬듯이."

_크리스토퍼 놀런, 〈인터스텔라〉

2022년 대한민국 정부는 과학기술 혁신이 담대한 미래를 선도할 수 있다는 비전을 강조하며 제5차 과학기술기본계획(2023~2027)을 발표했다. 이 계획은 우리나라의 연구 개발 전략을 강화하고, 민간 중심의 과학기술 생태계를 구축하며, 국가의 현안으로 놓여 있는 여러 문제를 과학기술로 해결하고자 하는 취지로 만들어졌다. 제기된 여러 문제에는 기후변화에 관한 탄소 중립과 디지털 전환, 재난과 위기 극복 기술 같은 시급한 것이 많다. 그러나 우주와 해양 개발 등 국가의 미래 생존에 직결되는 도전적인 문제들도 고려해야 한다고 강조하고 있다. 우주 개발에 최우선시되는 기술은 발사체를 개발하고 달을 탐사하는 목표와 관련 있다.

이에 발맞춰 한국항공우주연구원에서는 2020~2022년도 우주개발계획을 발표하며 우주 개발에 대한 구체적인 방안을 제안하고 있다. 누리호를 비롯해 지속적인 발사체 기술 개발로 우주로 나아가는 일을 더 쉽고 저렴하게 만들고, 여기에 탑재되는 위성의 종류와 수를 다양화하고자 한다. 2030년대에 발사될 여러 위성에는 레이저 관측 장치와 영상 분광 장치 등이 탑재되어 지구를 비롯한 태양계 내외 여러 천체의 관측이 이루어질 것이다. 다누리호의 성공적인 발사로 달을 탐사하는 기술을 갖출 뿐 아니라 2030년까지 달에 착륙할 수 있는 착륙선을 보낼 예정이다. 이후 소행성에서 샘플을 채취해 지구로 귀환할 수 있는 기술까지 개발되면 우리나라도 당당하게 우주 개발에 참여하는 국가로 이름을 알릴 수 있다.

그러나 우리나라는 아직까지 사람을 우주로 보내는 기술에 부족한 점이 많다. 미국에서는 NASA의 주도하에 달에 사람을 보내려 계획하고 있고, 중국은 2030년 중반까지 유인 달 탐사 임무를 계획한 상태다. 일본과 러시아, 유럽의 여러 국가는 가까운 시일 내에 이루어질 달 탐사 계획을 구체적으로 밝히지 않았지만, 지금도 국제우주정거장에 우주 비행사를 지속적으로 보내고 있다. 인도도 유인 우주 비행에 적극적으로 투자하고 있으며, 2025년에 자력으로 저궤도에 사람을 올려 보낼 계획을 가지고 있다. 유인 우주 비행에 관한 여러 계획이 실현되려면 우주에서 생명을 지원하기 위한 다양한 기술이 뒷받침되어야 한다.

우리나라는 자력으로 우주에 사람을 보낼 수 있는 기술을 갖추고 있지 않다. 다행스럽게도 우주 개발 선진국들도 자력으로 고난이도의 우주 개발을 수행하기 어렵기 때문에 널리 국제적으로 협력하고 있다. NASA에서 주관하는 유인 달 탐사 계획인 아르테미스 계획은 국제 협력의 대표적 사례다. 스페이스X와 보잉 등 다수의 민간 기업 외에도 ESA, JAXA, CSA 등 각국의 기술을 총동원해 달에 인류를 보내기 위한 목적을 향해 달려가고 있다. 우리나라도 아르테미스 협정에 서명하며 국제적인 협력을 위해 노력하고 있다. 우리나라는 우주현지자원활용ISRU 기술에 강점을 갖고 있어 아르테미스 계획에 여러 정부 출연 연구원이 업무 협약을 맺고 있다. 우주에 다녀오는 비행의 시대는 저물어 가고 우주에서 생활할 수 있는 유인 우주 탐사 시대를 맞이하고 있는 지금 적절한 대응이라고 평가할 수 있다.

과학기술정보통신부는 2020년에 여러 산업과 학계, 연구원의 전문가들을 모아 2045 미래전략위원회를 구성하고, 2045년을 목표로 과학기술 미래 전략 2045를 수립했다. 이 전략은 불확실성이 큰 미래에 어떤 기술들이 필요하고, 중장기적으로 미래를 실현하기 위해 어떤 방향으로 나아가야 하는지 제안하

아르테미스 협정 원칙

| 구분 | 내용 |
| --- | --- |
| 평화적 탐험 | 아르테미스 계획에 따라 수행되는 모든 활동은 평화로운 목적을 위한 것이어야 한다. |
| 투명성 | 아르테미스 협정 서명자는 혼란과 갈등을 피하기 위해 투명한 방식으로 활동을 수행한다. |
| 상호 운용성 | 아르테미스 계획에 참여하는 국가는 안전과 지속 가능성을 향상시키기 위해 상호 운용 가능한 시스템을 지원하기 위해 노력할 것이다. |
| 우주 물체 등록 | 아르테미스 계획에 참여하는 모든 국가는 등록 협약에 신속하게 서명해야 한다. |
| 과학적 데이터 공개 | 아르테미스 협정 서명국은 전 세계가 아르테미스 여정에 참여할 수 있도록 과학 정보를 공개하기로 약속한다. |
| 유산 보존 | 아르테미스 협정 서명국은 우주 유산 보존을 약속한다. |
| 우주 자원 | 우주 자원의 추출 및 활용은 안전하고 지속 가능한 탐사의 핵심이며, 아르테미스 협정 서명자는 이러한 활동이 우주 조약에 따라 수행되어야 함을 확인한다. |
| 활동에 대한 분쟁 해소 | 아르테미스 협정 국가는 우주 조약에서 요구하는 대로 유해한 간섭을 방지하고 정당한 존중의 원칙을 지지할 것을 약속한다. |
| 궤도 잔해 | 아르테미스 협정 국가는 잔해의 안전한 처리를 위한 계획을 약속한다. |

고 있다. 이러한 목표를 위해 다음과 같이 여덟 가지의 구체적인 도전 과제가 만들어졌다.

- 기후변화, 재난 재해, 감염병 등 인류의 생존을 위협하는 요인 대처
- 환경오염 대응을 통한 문명의 지속 가능성 확보
- 차세대 바이오·의료 기술을 통한 건강한 삶 실현
- 인간의 신체적·지적 능력 보완 및 확장
- 자원 고갈에 대비한 농어업·제조업·에너지 혁신
- 우주 생활권 및 안전하고 편리한 이동 실현
- 다양한 소통 방식과 신뢰할 수 있는 네트워크 확보
- 새로운 삶의 영역을 확보하기 위한 미지의 공간 개척

우주 개발과 직접적으로 관련된 도전 과제가 있는 반면, 직접적으로 관련 없는 도전 과제들도 여럿 보인다. 그러나 우주를 개발하는 과정에서는 다양한 분야의 기술이 융합되어 활용될 것이다. 위성과 발사체에 관한 기술은 통신 기술과 결합되어 많은 정보를 교환한다. 화성에서 지구로 보내는 전파는 빛의 속도로 이동해도 15분이나 걸린다. 우주의 넓은 공간에서는 원활한 통신을 위한 획기적인 기술이 필요하다. 인간이 직접 탐사하기에 부적절한 우주의 환경은 로봇 기술과 연계되어 무인 탐사 기술로 발전한다. 인공지능 기술은 이 과정에서 적절한 탐사선과 로봇의 제어를 가능하게 만든다. 건축 관련 기술은 3D 프린터 기술과 융합해 우주의 극한 환경에서 인간이

생존할 수 있는 거주지를 건설하는 데 쓰인다. 생명 유지 기술과 안전 장치는 극한의 환경에서 인간의 생존을 지원한다. 더 나아가 인간의 생존에 필수적인 식량을 생산하는 기술은 농업에서 오랜 기간 연구되어 온 여러 기술이 어우러진다. 우주 환경에 적합한 형태로 유전자가 변형된 작물이나, 이를 대량으로 생산하기 위한 재배 기술이 반드시 필요하다. 식물이 가진 기체 교환 능력은 인간이 배출한 이산화탄소의 제거에도 유용하게 쓰인다. 최적의 식량 생산을 위해 데이터에 기반한 농법이 활용되고 있으며, 이는 우주에서도 식량 생산에 기여할 수 있는 기술이다.

2023년 11월, 우리나라에서는 최초로 농림축산식품부가 주최해 '우주 농업의 현재와 미래'라는 주제로 미래 성장 포럼이 개최되었다. 포럼에서는 우주 개발 시대의 농업 기술 연구 방향을 살펴보고, 우주 환경에서의 생물학 연구 동향과 달 탐사 추진 현황 등에 관한 전문가 강연이 이루어졌다. 우주 농업에 사용되는 기술은 체계적이고 장기적인 목표를 가지고 여러 기술 분야의 협력을 통해 개발할 수 있다는 것이 전문가들의 주된 의견이었다.

이제 우주를 바라보기만 하던 시대는 지났다. 인류의 활동 범위는 급속도로 팽창해 우주로 진출하기 일보 직전이다. 인류는 가까운 미래에 우주로 진출할 것이 명백하고, 그 흐름에 탑승하는 데 필요한 여러 과학기술과 전략만 남아 있다. 이 책 초반에서도 이야기했듯이, 고갱과 호킹이 던졌던 '우리는 어디로 가는가'라는 질문에 대한 답은 확실히 우주다. 이 과정에서 우주 농업은 '어떻게 인류가 우주로 나갈 수 있는가'라는 질문에 대한 해답을 제시한다. 현재 인류는 지금까지 개발된 기술을 적절하게 이용하면 지구 근처의 우주까지 갈 수 있다는 확신을 가지고 있다. 더 먼 우주까지 나아가기 위해 몇 가지 기술이 더 필요하지만, 우리는 우주에서도 생존할 수 있는 답을 찾을 것이다. 인류의 역사가 계속되는 한, 줄곧 그랬듯이.

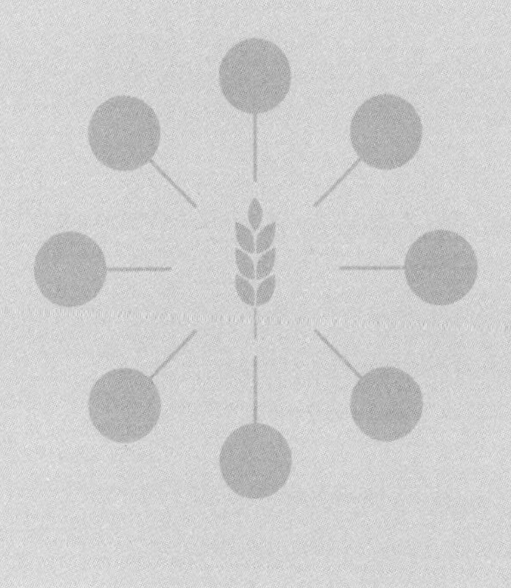

# 참고 문헌

## 제1장 인류 문명을 개척한 농업의 역사

손정익 외 (2021), 『삼고 시설원예학』, 향문사.

손정익 외 (2022), 『수직농장학』, 향문사.

Bailey GE (1915), *Vertical farming*, E. I. Du Pont de Nemours Powder Co., Wilmington, DE, USA.

Despommier D (2010), *The vertical farm*, St. Martin's Press, New York, NY, USA.

Diamond J (2003), "Farmers and their languages: the first expansions," *Science* 300:597–603.

Diestelkamp E (2019), "Horticulture under glass," *In: Occasional Papers from The RHS Lindley Library Volume 17*. The Royal Horticultural Society, London, UK.

Ding X, Jiang Y, He L, Zhou Q, Yu J, Hui D, Huang D (2016), "Exogenous glutathione improves high root-zone temperature tolerance by modulating photosynthesis, antioxidant and osmolytes systems in cucumber seedlings," *Scientific reports* 6:1-12.

McNamara K (2015), "Dr Woodward's 350-year legacy," *Geology Today* 31:181–186.

Resh HM (2013), *Hydroponic food production*. CRC Press, Boca Raton, FL, USA.

Walters KJ, Currey CJ (2019), "Growth and development of basil species in response to temperature," *HortScience* 54:1915-1920.

Zeder MA (2011), "The origins of agriculture in the Near East," *Current anthropology* 52:S221-S235.

## 제2장 우주 환경에서 식물은 어떻게 자라는가

손정익 외 (2022),『수직농장학』, 향문사.

Appelbaum J, Flood DJ (1990), "Solar radiation on Mars," *Solar Energy* 45:353-363.

Briot D (2013), "The creator of astrobotany, Gavriil Adrianovich Tikhov," *Astrobiology, History, and Society: Life Beyond Earth and the Impact of Discovery* 175-185.

Duri LG, Caporale AG, Rouphael Y, Vingiani S, Palladino M, de Pascale S, Adamo P (2022), "The potential for lunar and martian regolith simulants to sustain plant growth: a multidisciplinary overview," *Frontiers in Astronomy and Space Sciences* 233.

Galland P, Pazur A (2005), "Magnetoreception in plants," *Journal of plant research* 118:371-389.

Hoson T, Soga K, Mori R, Saiki M, Wakabayashi K, Kamisaka S, Kamigaichi S, Aizawa S, Yoshizaki I, Mukai C, Shimazu T, Fukui K, Yamashita M (1999), "Morphogenesis of rice and Arabidopsis seedlings in space," *Journal of plant research* 112:477-486.

Iwabuchi K, Kurata K (2003), "Short-term and long-term effects of low total pressure on gas exchange rates of spinach," *Advances in Space Research* 31:241-244.

Kiely C, Greenberg G, Kiely CJ (2011), "A new look at lunar soil collected from the sea of tranquility during the Apollo 11 mission," *Microscopy and Microanalysis* 17:34-48.

Koutsovoulos G, Kumar S, Laetsch DR, Stevens L, Daub J, Conlon C, Maroon H, Thomas F, Aboobaker A, Blaxter M (2015) "The genome of the tardigrade Hypsibius dujardini," bioRxiv 033464.

Kozyrovska NO, Lutvynenko TL, Korniichuk OS, Kovalchuk MV, Voznyuk TM, Kononuchenko O, Zaetz I, Rogutskyy IS, Mytrokhyn OV, Mashkovska SP, Foing BH, Kordyum VA (2006), "Growing pioneer plants for a lunar base," *Advances in Space Research* 37:93-99.

Liu G, Bollier D, Gübeli C, Peter N, Arnold P, Egli M, Borghi L (2018), "Simulated microgravity and the antagonistic influence of strigolactone on plant nutrient uptake in low nutrient conditions," *npj Microgravity* 4:1-10.

Morowitz H, Sagan C (1967), "Life in the clouds of Venus?" *Nature* 215:1259-1260.

Park JS, Liu Y, Kihm KD, Taylor LA (2006), "Micro-morphology and toxicological effects of lunar dust," *37th Annual Lunar and Planetary Science Conference* p. 2193.

Sagan C, Thompson WR, Carlson R, Gurnett D, Hord C (1993), "A search for life on Earth from the Galileo spacecraft," *Nature* 365:715-721.

Schokraie E, Warnken U, Hotz-Wagenblatt A, Grohme MA, Hengherr S, Förster F, Schill RO, Frohme M, Dandekar T, Schnölzer M (2012) "Comparative proteome analysis of *Milnesium tardigradum* in early embryonic state versus adults in active and anhydrobiotic state," PlosOne 7:e45682.

Stutte GW, Yorio NC, Edney SL, Richards JT, Hummerick MP, Stasiak M, Dixon M, Wheeler RM (2022), "Effect of reduced atmospheric pressure on growth and quality of two lettuce cultivars," *Life Sciences in Space Research* 34:37-44.

Wamelink GW, Frissel JY, Krijnen WH, Verwoert MR, Goedhart PW (2014), "Can plants grow on Mars and the Moon: a growth experiment on Mars and Moon soil simulants," PLoS One 9:e103138.

Wolff SA, Coelho LH, Karoliussen I, Jost AIK (2014), "Effects of the extraterrestrial environment on plants: recommendations for future space experiments for the MELiSSA higher plant compartment," *Life* 4:189-204.

Zeng X, He C, Oravec H, Wilkinson A, Agui J, Asnani V (2010), "Geotechnical properties of JSC-1A lunar soil simulant," *Journal of Aerospace Engineering* 23:111-116.

## 제3장 우주 농업, 우주 개척의 발판을 마련하다

Barta DJ, Henninger DL (1994), "Regenerative life support systems—why do we need them?" *Advances in Space Research* 14:403-410.

Caraccio AJ, Hintze PE, Miles JD (2014), "Human factor investigation of waste processing system during the HI-SEAS 4-month mars analog mission in support of NASA's logistic reduction and repurposing project: trash to gas," 65th International Astronautical Congress.

Christenson D, Sevanthi R, Morse A, Jackson A (2018), "Assessment of membrane-aerated biological reactors (MABRs) for integration into space-based water recycling system architectures," *Gravitational and Space Research* 6:12-27.

Cohen MM, Matossian RL, Mancinelli RL, Flynn MT (2013), "Water walls life support architecture," 43rd International Conference on Environmental Systems p. 3517.

Darrach MR, Chutjian A, Bornstein BJ, Croonquist AP, Garkanian V, Hofman J, Karmon D, Kenny J, Kidd RD, Lee S, MacAskill JA, Madzunkov SM, Mandrake L, Schaefer RT, Toomarian N (2012), "Trace chemical and major constituents measurements of the International Space Station atmosphere by the vehicle cabin atmosphere monitor," 42nd International Conference on Environmental Systems p. 3432.

Dempster WF (1999), "Biosphere 2 engineering design," *Ecological Engineering* 13:31-42.

Dodd MS, Papineau D, Grenne T, Slack JF, Rittner M, Pirajno F, O'Neil J, Little CTS (2017), "Evidence for early life in Earth's oldest hydrothermal vent precipitates," *Nature* 543:60-64.

Dose K, Bieger-Dose A, Dillmann R, Gill M, Kerz O, Klein A, Meinert H, Nawroth T, Risi S, Stridde C (1995), "ERA-experiment 'space biochemistry'," *Advances in Space Research* 16:119-129.

Eckart P (1996), *Spaceflight life support and biospherics*. Microcosm, Torrance, CA, USA.

Fritz T, Nabity J (2018), "Development of a water cryocooler system for use in the dehumidification of a spacecraft cabin atmosphere," 48th International Conference on Environmental Systems.

Hao Z, Li L, Fu Y, Liu H (2018), "The influence of bioregenerative life-support system dietary structure and lifestyle on the gut microbiota: a 105-day ground-based space simulation in Lunar Palace 1," *Environmental microbiology* 20:3643-3656.

Hu E, Bartsev SI, Liu H (2010), "Conceptual design of a bioregenerative life support system containing crops and silkworms," *Advances in Space Research* 45:929-939.

Ilgrande C, Defoirdt T, Vlaeminck SE, Boon N, Clauwaert P (2019), "Media optimization, strain compatibility, and low-shear modeled microgravity exposure of synthetic microbial communities for urine nitrification in regenerative life-support systems," *Astrobiology* 19:1353-1362.

Junaedi C, Hawley K, Walsh D, Roychoudhury S, Abney MB, Perry JL (2014), "$CO_2$ reduction assembly prototype using microlith-based sabatier reactor for ground demonstration," 44th International Conference on Environmental Systems.

Kim WS (2001), "Application of enclosed experimental ecosystem to the study on marine ecosystem," *Korean Journal of Environmental Biology* 19:183-194.

Lasseur C, Verstraete W, Gros JB, Dubertret G, Rogalla F (1996), "MELISSA: a potential experiment for a precursor mission to the Moon," *Advances in Space Research* 18:111-117.

Leigh LS, Burgess T, Marino BDV, Wei YD (1999), "Tropical rainforest biome of Biosphere 2: structure, composition and results of the first 2 years of operation," *Ecological Engineering* 13:65-93.

Liu D, Xie B, Dong Y, Liu H (2020), "Semi-continuous fermentation of solid waste in closed artificial ecosystem—microbial diversity, function genes evaluation," *Life Sciences in Space Research* 25:136-142.

Maggi F, Tang FHM, Pallud C, Gu C (2018) "A urine-fuelled soil-based bioregenerative life support system for long-term and long-distance manned space missions," *Life sciences in space research* 17:1-14.

Maiwald F, Simcic J, Nikolic D, Belousov A, Willis P, Madzunkov S (2020), "Compact quadrupole ion trap (QIT) mass spectrometers for space applications," Inter-Planetary Small Satellite Conference 2020.

Metcalf JL, Carrasquillo R, Bagdigian B, Peterson L (2011), "Environmental control and life support (ECLS) integrated roadmap development," In EVA/ECLSS Technical Forum (No. JSC-CN-26142).

Molles Jr. MC (2010), *Ecology: concepts and applications (5th edition)*. McGraw-Hill, New York, NY, USA.

Nakayama N, Sakurai M, Yoshihara S, Ohnishi M (2010), "Development and testing of an atmosphere revitalization system for Moon base," Transactions of the Japan Society for Astronautical and Space Sciences, Aerospace technology Japan 8:Pk_17-Pk_22.

NASA (2014), *Human Integration Design Handbook*, Revision 1, NASA/SP-2010-3407/REV1, NASA, Washington, D.C., USA.

NASA Kennedy Space Center (2015), "Veggies in space: astronauts sample freshly grown lettuce," https://www.youtube.com/watch?v=D_723qwjULM.

Nelson M, Dempster W, Alvarez-Romo N, MacCallum T (1994), "Atmospheric dynamics and bioregenerative technologies in a soil-based ecological life support system: initial results from biosphere 2," *Advances in Space Research* 14:417-426.

Niederwieser T, Wall R, Nabity J, Klaus D (2017), "Development of a testbed for flow-through measurements of algal metabolism under altered pressure for bioregenerative life support applications," 47th International Conference on Environmental Systems.

Odum E (1997), *Ecology: a bridge between science and society.* Sinauer Associates, Inc., Sunderland, MA, USA.

Paradiso R, de Micco V, Buonomo R, Aronne G, Barbieri G, de Pascale S (2014), "Soilless cultivation of soybean for bioregenerative life-support systems: a literature review and the experience of the MELiSSA project—food characterization phase I," *Plant Biology* 16:69-78.

Perry JL (2019), "The impacts of cabin atmosphere quality standards and control loads on atmosphere revitalization process design," 49th International Conference on Environmental Systems.

Poynter J (2006), *The human experiment: two years and twenty minutes inside Biosphere 2.* Basic Books, New York, NY, USA.

Pruitt JM, Carter L, Bagdigian RM, Kayatin MJ (2015), "Upgrades to the ISS water recovery system," 45th International Conference on Environmental Systems.

Reider R (2009), *Dreaming biosphere: the theater of all possibilities.* University of New Mexico Press, Albuquerque, NM, USA.

Sager JC, Drysdale AE (1997), "Concepts, components, and controls for a CELSS," In: Goto E, Kurata K, Hayashi M, Sase S (eds) *Plant production in closed ecosystems.* Kluwer Academic Publishers, Dordrecht, Netherlands.

Salisbury FB, Gitelson JI, Lisovsky GM (1997), "Bios-3: Siberian experiments in bioregenerative life support," *BioScience*, 47:575-585.

Severinghaus JP (1995), *Studies of the terrestrial $O_2$ and carbon cycles in sand dune gases and in Biosphere 2* (No. ORISE-97052367). Oak Ridge Associated Universities, Inc., Oak Ridge, TN, USA.

Silverstone SE, Nelson M (1996), "Food production and nutrition in Biosphere 2—results from the first mission September 1991 to September 1993," *Advances in Space Research* 18:49-61.

Smith TM, Smith RL (2006), *Elements of ecology ($6^{th}$ edition).* Pearson Education, Inc., San Francisco, CA, USA.

Tremblay P (1994), "EVA safety design guidelines," *Acta Astronautica* 32:59-68.

Turnill R (2003), *The moonlandings: an eyewitness account.* Cambridge University Press, Cambridge, UK.

Tyson NG, Goldsmith D (2005), *Origins: fourteen billion years of cosmic evolution.* W. W. Norton & Company, New York, NY, USA.

Wheeler RM (2017), "Agriculture for space: people and places paving the way," *Open Agriculture* 2:14-32.

Wheeler RM, Sager JC (2006), "Crop production for advanced life support systems," NASA/TM-2003-211184.

Wolff SA, Coelho, LH, Karoliussen I, Jost AK (2014), "Effects of the extraterrestrial environment on plants: recommendations for future space experiments for the MELiSSA higher plant compartment," *Life* 4:189-204.

Zabel P, Bamsey M, Schubert D, Tajmar M (2016), "Review and analysis of over 40 years of space plant growth systems," *Life Sciences in Space Research* 10:1-16.

## 제4장 우주 농업의 핵심 기술, 테라포밍

Armstrong RA (2021), "The potential of pioneer lichens in terraforming Mars," In: Beech M, Seckbach J, Gordon R (eds) *Terraforming Mars (astrobiology perspectives on life in the universe)*. Wiley-Scrivener, Beverly, MA, USA.

Beech M, Seckbach J, Gordon R (2021), *Terraforming Mars (astrobiology perspectives on life in the universe)*. Wiley-Scrivener, Beverly, MA, USA.

Brown M (2012), *How I killed Pluto and why it had it coming*. Spiegel & Grau LLC., New York, NY, USA.

Do S, Ho K, Schreiner S, Owens A, de Weck O (2014), "An independent assessment of the technical feasibility of the mars one mission plan," *Acta Astronautica* 120:192-228.

Drysdale A, Nakamura T, Yorio N, Sager J, Wheeler R (2008), "Use of sunlight for plant lighting in a bioregenerative life support system—equivalent system mass calculations," *Advances in Space Research* 42:1929-1943.

Fogg MJ (1993a), "Dynamics of a terraformed Martian biosphere," *Journal of British Interplanetary Society* 46:293-304.

Fogg MJ (1993b), "Terraforming: a review for environmentalists," *Environmentalist* 13:7-17.

Fogg MJ (1998), "Terraforming Mars: a review of current research," *Advances in Space Research* 22:415-420.

Fogg MJ (2010), "Terraforming Mars: a review of concepts," *Engineering Earth: The Impacts of Megaengineering Projects* 2217-2225.

Kacira M, Giacomelli GA, Patterson RL, Furfaro R, Sadler PD, Boscheri G, Lobascio

C, Lamantea M, Wheeler RM, Rossignoli S (2012), "System dynamics and performance factors of a lunar greenhouse prototype bioregenerative life support system," *International Symposium on Advanced Technologies and Management Towards Sustainable Greenhouse Ecosystems: Greensys 2011* 952:575-582.

Kozyrovska NO, Lutvynenko TL, Korniichuk OS, Kovalchuk MV, Voznyuk TM, Kononuchenko O, Zaetz I, Rogutskyy IS, Mytrokhyn OV, Mashkovska SP, Foing BH, Kordyum VA (2006), "Growing pioneer plants for a lunar base," *Advances in Space Research* 37:93-99.

McKay CP (1982), "On terraforming Mars," *Extrapolation* 23:309-314.

Mickol RL, Kral TA (2016), "Low pressure tolerance by methanogens in an aqueous environment: implications for subsurface life on Mars," *Origins of Life and Evolution of Biospheres* 47:511-532.

NASA (2015) *Journey to Mars*. NASA.

Sadeh WZ, Criswell ME (1996), "Infrastructure for a lunar base," *Advances in Space Research* 18:139-148.

Sagan C (1961), "The Planet Venus: recent observations shed light on the atmosphere, surface, and possible biology of the nearest planet," *Science* 133:849-858.

Taylor RLS (1992), "Paraterraforming: the worldhouse concept," *Journal of British Interplanetary Society* 45:341-352.

Wamelink GWW, Frissel JY, Krijnen WHJ, Verwoert MR (2013), "Crop growth and viability of seeds on Mars and Moon soil simulants," In: Beech M, Seckbach J, Gordon R (eds) *Terraforming Mars(astrobiology perspectives on life in the universe)*. Wiley-Scrivener, Beverly, MA, USA.

Wamelink GWW, Frissel JY, Krijnen WHJ, Verwoert MR (2021), "Crop growth and viability of seeds on Mars and Moon soil simulants," *Open Agriculture* 4:509-516.

Wong B (2021), "System engineering analysis of terraforming Mars with an emphasis on resource importation technology," In: Beech M, Seckbach J, Gordon R (eds) *Terraforming Mars(astrobiology perspectives on life in the universe)*. Wiley-Scrivener, Beverly, MA, USA.

## 에필로그: 우주 농업의 미래

과학기술정보통신부 (2020), 『대한민국 과학기술 미래전략 2045』, 과학기술정보통신부.

# 우주 농업



초판 1쇄 찍은날 2026년 1월 23일
초판 1쇄 펴낸날 2026년 1월 30일
지은이 정대호·손정익
펴낸이 한성봉
편집 최창문·이종석·오시경·김선형
콘텐츠제작 안상준
디자인 최세정
마케팅 오주형·박민지·이예지·정효인
경영지원 국지연·송인경
펴낸곳 도서출판 동아시아
등록 1998년 3월 5일 제1998-000243호
주소 서울시 중구 필동로8길 73 [예장동 1-42] 동아시아빌딩
페이스북 www.facebook.com/dongasiabooks
전자우편 dongasiabook@naver.com
블로그 blog.naver.com/dongasiabook
인스타그램 www.instargram.com/dongasiabook
전화 02) 757-9724, 5
팩스 02) 757-9726

ISBN 978-89-6262-688-9 03400

※ 잘못된 책은 구입하신 서점에서 바꿔드립니다.

만든 사람들
책임편집 박일귀·이종석
디자인 pado
크로스교열 안상준